U0224665

我们是怎样发现
人类在宇宙空间与时间的位置
以及它对人类的意义

在《行走零度》一书中，切特·雷莫采用本初子午线，这一全世界的地图和时钟之标准的零经度线，阐述了人类始自与我们自身大小相仿的宇宙到无数星系的宇宙和数十亿年地质年代的智识之旅的故事。

就像在他获誉甚高的《这条路径》（*The Path*）和《攀登布兰登山》（*Climbing Brandon*）两书一样，雷莫将自身与行走于英国本初子午线，从布莱顿穿过格林尼治再到达北海的故事相结合。本初子午线经过许多赫然耸立于科学界的地标性建筑：艾萨克·牛顿在剑桥大学三一学院的小屋，查尔斯·达尔文在肯特郡的故居当村，发现第一个恐龙化石的地点，约翰·哈里森（John Harrison）在格林尼治皇家天文台博物馆里的一台计时钟，以及其他许多地方。雷莫逐个拜访这些地方，让那些为了开拓人类的视野而叛逆正统观念的勇敢之士的故事重新苏醒，包括那位推测出有多元世界的反叛者，我们现在认为是理所当然的，而他当时却付出了终极代价。

《行走零度》作为一部杰出的天文学和地理学的简史，阐明了科学、心理学、信念和文化艺术之间惊人的相互作用，并有助于我们了解宇宙的空间与时间。

切特·雷莫为他的信仰而拥护科学怀疑论：

“对于宗教自然学家来说，黑暗和寂静并非矛盾，而是决心。否定法所得的传统结束在有效的否定式（上帝非此，上帝非彼，上帝绝非）中。不仅仅是我们在这个单词面前陷入沉默，而且是这个单词本身消失于寂静。我们在执着于一个安全的线上行走，不是在怀疑论和信仰中间，而是在怀疑论和愤世嫉俗之中。我们试图坚定地驻留在怀疑论一侧，对任何吹拂过我们路径上的智慧之风敞开胸怀，并且对于这个世界的知识，我们珍惜认知的科学方式——摸索前行，拾阶而上，不断演进。”

科学可以这样看丛书

Walking Zero
行走零度
（修订版）

沿着本初子午线发现宇宙空间和时间

〔美〕切特·雷莫（Chet Rayme） 著
陈养正　陈钢　钱康行　译

徒步行走零经度线
作一次非凡的智识启迪之旅
发现科学自萌芽到今日的光辉灿烂的道路

重庆出版集团　重庆出版社
果壳文化传播公司

版贸核渝字(2006)第 171 号

图书在版编目(CIP)数据

行走零度 /(美)雷莫(Raymo,C.)著;陈养正,陈钢,钱康行译.
—修订本. —重庆:重庆出版社,2015.8(2018.5 重印)
(科学可以这样看丛书 / 冯建华主编)
书名原文:Walking Zero
ISBN 978-7-229-10226-5

Ⅰ.行… Ⅱ.①雷… ②陈… ③陈… ④钱… Ⅲ.①宇宙—普及读物 Ⅳ.①P159

中国版本图书馆 CIP 数据核字(2015)第 171993 号

行走零度
XINGZOU LINGDU
〔美〕切特·雷莫(Chet Raymo) 著 陈养正 陈钢 钱康行 译

责任编辑:连 果
责任校对:谭荷芳
封面设计:何华成

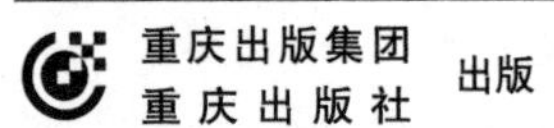

出版

重庆市南岸区南滨路 162 号 1 幢 邮政编码:400061 http://www.cqph.com
重庆出版集团艺术设计有限公司制版
重庆市国丰印务有限责任公司印刷
重庆出版集团图书发行有限公司发行
全国新华书店经销

开本:720mm×1 000mm 1/16 印张:11 字数:135 千
2009 年 3 月第 1 版 2015 年 8 月第 2 版 2018 年 5 月第 2 版第 5 次印刷
ISBN 978-7-229-10226-5
定价:32.80 元

如有印装质量问题,请向本集团图书发行有限公司调换:023-61520678

Advance Praise for Walking Zero

《行走零度》一书的发行评语

科学作家雷莫（《亲切观看星空》［*An Intimate Look at the Night Sky*］作者）的新书不仅仅是本初子午线的历史，这一经过东英国的零经度线是测量地球空间和时间的出发点。粗略地说，雷莫的兴趣在于我们如何理解自身在宇宙中的位置，他沿着本初子午线行走，并在一些科学史上著名的地标上不时驻足，是他对人类丈量和理解空间与时间的演进之路的冥想。这本薄薄的书涵盖了令人惊讶的丰富内容，从古代亚历山大港的天文学家到英国皇家学会的成员，从皮尔当人（Piltdown Man，又译辟尔当）到当代关于相对论和科学知识的辩论。结果是此书造就了通俗历史、游记和智力回忆录之出人意料的结合，如同一次轻快的乡村散步一般的闲适和令人精神焕发，并且在此有别处从未详细描述过的情节，阅读此书真正的乐趣在于这趟旅行——你几乎找不到比雷莫的书更好的旅行伴侣了，作为一名物理学和天文学荣誉教授，他的散文阅读起来令人如此愉快、博学和内省。这本书有25张黑白插图和1幅地图。

——《出版人周刊》（*Publishers Weekly*）

本初子午线本身的故事就相当迷人：在1884年，一项国际协议制定了一条穿过英国东南部的零经度和标准时间的子午线。但是雷莫，这个物理学家和科学作家为《波士顿环球报》所撰写的一个广受欢迎的周刊专栏却跨越了这个故事。他用沿着本初子午线的真实漫步作为连接天文学、地理学和古生物学的“线”。他驻足于子午线附近的景点，包括牛顿在剑桥大学的小屋，达尔文在当村的故居，声名狼籍的皮尔当镇，以及第一个恐龙化石发现的地方。随同这位让人愉悦的科学作家一起漫步是读者能得到的最好锻炼。

——《科学美国人》（*Scientific American*）

当切特·雷莫开始这次行走时，这的确是一趟很有意义的旅行。

在《这条路径》（2003年）中，在他每天到办公室的日常漫步中，他开始了一系列的生态学的沉思。《攀登布兰登山》是一次一边攀登这个山脉一边探索西方思想的机会。他在《行走零度》中再次施展他面面俱到的手法，从而得到终日伏案的评论家们的好评。结果是对雷莫最严厉的批评也只是说这本书太薄了，这强有力地说明，不论作者漫步到哪里，这位麻州石山（Stonehill）学院的教授和前《波士顿环球报》的科学专栏作家都会有许多热切的陪伴者。

——《书签杂志》（*Bookmarks Magazine*）

科学史上的许多著名景点都位于伦敦和英吉利海峡之间，其中一些景点与地球的这一条部分确定的零经度线——本初子午线——有关。雷莫构思出漫步这个路线的想法，不是为了把这些景点当作实际位置来穿越，而是理解这些景点所召唤的科学。雷莫在子午线穿过著名的白崖海岸线后开始他的叙述。雷莫的焦点在于地理学，他最终搜寻到了这一学科的先驱，那些在后来被称作在零经度线附近工作的人们，但是他最初从天文学的伟人开始——从阿利斯塔克（Aristarchus。古希腊第一位著名天文学家）到否定了地心说的开普勒。回到这条零经度线上，雷莫发现达尔文的故居恰巧就在附近。在讨论完进化论后，雷莫着手处理了地球经度和时间的起源：在格林尼治的皇家天文台。雷莫作为一个熟练的和有经验的科学作家（《亲切观看星空》作者，2001年）提供了一个富有创意的进入科学史的入口。

——《书单》杂志（*Booklist*）

作家切特·雷莫是一名物理学家和天文学家，他的《行走零度：沿着本初子午线发现宇宙空间和时间》侧重于本初子午线的历史遗迹，它对贯穿于各个时代的科学杰出人物的影响。雷莫在旅程期间步行跨越了英国东南部，不仅探究了历史和天文学，也探究了地理学：这部生动的著作不仅仅吸引科学系学生，也吸引普通的有兴趣的读者。

——《中西部书评》（*Midwest Book Review*）

Readers Praise for Walking Zero

《行走零度》一书的读者评语

人类成就之旅！ 通常散步是一项外向的活动。通常学术追求是一项内向的散步。《行走零度》将外向和内向结合到一个美妙的沉思中。雷莫帮助我们更多地认识事物是什么，也可能是另外的什么。

我敢于进行这样的行走！

——迈克尔·萨法尔韦切（Michael Saffarewich）

穿越英国的伟大行走！ 这本书带领你进行本初子午线的历史之旅以及所有关于它坐落于英国的争议。作者毫无疑问喜爱他的作品，这种喜爱在此书的字里行间散发光芒。这本书可以花一天读完，然后再花一个星期重读。它就是这么棒！

——乔安·M.凯斯（Joann M. Keyes）

清晰写就的回顾。 雷莫的薄书就像是关于地球科学、物理学和进化生物学的 181 页回顾。自从我学习如何计算地球的圆周长已经很久了，但是雷莫简洁又博学的写作像是在阅读一本更文学的教科书。雷莫很显然神化了查尔斯·达尔文，并且他对于威斯敏斯特教堂（Westminster Abbey）的批评有点令人疑惑，但是他用他对于一些困难话题清晰简洁的写作弥补了这些缺点。

——普布利乌斯（乌托邦）（Publius ［Utopia］）

一堂科学课！ 切特带领我们走上了本初子午线的路径，并且以它的方式——书页——告诉我们有趣的故事：科学的哲学基础、数学的演化、从古希腊的物理学到我们的行星起源的最新理论，以及地球上的生命，诸如此类。相当令人入迷！

——罗恩·布克斯（Ron books）

一次了不起的行走！ 随着我年龄的增长和期待的人格成熟，我们宇宙的奇妙使我充满了敬畏。当我看到《洛杉矶时报·书评专栏》评论这本书的时候，我就知道这是本我想让它出现在我书架上的书。我是正确的！本书用一种外行都能理解的语言写就，并且充满了令人赞叹的轶事，在我看来，它对于那些看向世界并且私语“哇”的人是一本“必读书”！

——卡罗尔·马歇尔（Carol Marshall）

杰出的科学史图书，愉快的阅读！ 切特·雷莫的《行走零度》是一次出人意料的、令人享受的阅读。雷莫是石山学院物理学和天文学的荣誉退休教授，当他行走于本初子午线，讲述重要的科学伟人和发生在子午线附近的故事时，他是穿越英国山脉的杰出导游。阅读这本书就像是上一堂生动的科学课，这堂课热情的老师希望同他的学生分享他对科学的热爱。从亚历山大图书馆到哈勃望远镜，雷莫普及了大量知识，包括一些有趣的琐事，像米（meter）的起源。他尽其所能地用外行的语言讲述，并用了大量的插画来解释天文学以及我们对宇宙的知识如何形成并持续增加。让我最着迷的事情之一是阅读牛顿、伽里略和阿利斯塔克那样的伟人。这些人看向世界，并且希望知道世界是怎么运行以及为什么运行。我们中的大多数人浪费其时间只是试图一天一天地过下去。但这些人通过他们的智慧改变了我们世界的尺度。雷莫花了大量的时间试图鼓励读者离开他们自认为是宇宙中心的安逸窝，而且这本书会让你愿意这么去做。对我来说，雷莫对于达尔文过于崇敬，但这只是个小问题。让这本书加分的是，雷莫将它写得很简短，只有 181 页！

——克里斯蒂娜·罗克斯坦（Christina Lockstein）

让我想“行走零度”！ 这本书有许多吸引点——一个好书名，一个涉及了我最大爱好之一（行走）的主题，并能含括在这本相对较薄的书中。但是，我发现自己其实没有真的享受这本书，这本书的主旨是当作者漫步在本初子午线时，他详细叙述了围绕子午线和该主题的重要历史和科学进程。尽管在主题上听起来很好，但是这样使得这本书有点不连贯，一度讨论宇宙，然后是查尔斯·达尔文和恐龙。当后记提醒我们，作者一直在自习思考自身和人类在宇宙中的重要性时文章显得有点道理了（这解释了沉重的内容)。

关于这本书传达的信息和知识的质量有些沉重，并且陈述的相当正式，而没有很多魅力或热情，对于那些早已对这些话题入迷的人们，他们大概不能读到更多的新知识，对于那些不了解雷莫的人，似乎是直接跳进了复杂的故事中（它涉及三角函数）。

总之，到现在为止不是我最喜欢的非虚构作品。这本书从任何角度看都不是一本不好的书，但也不是一本最优秀的书。中上水平。

——T.爱德蒙（T. Edmund）

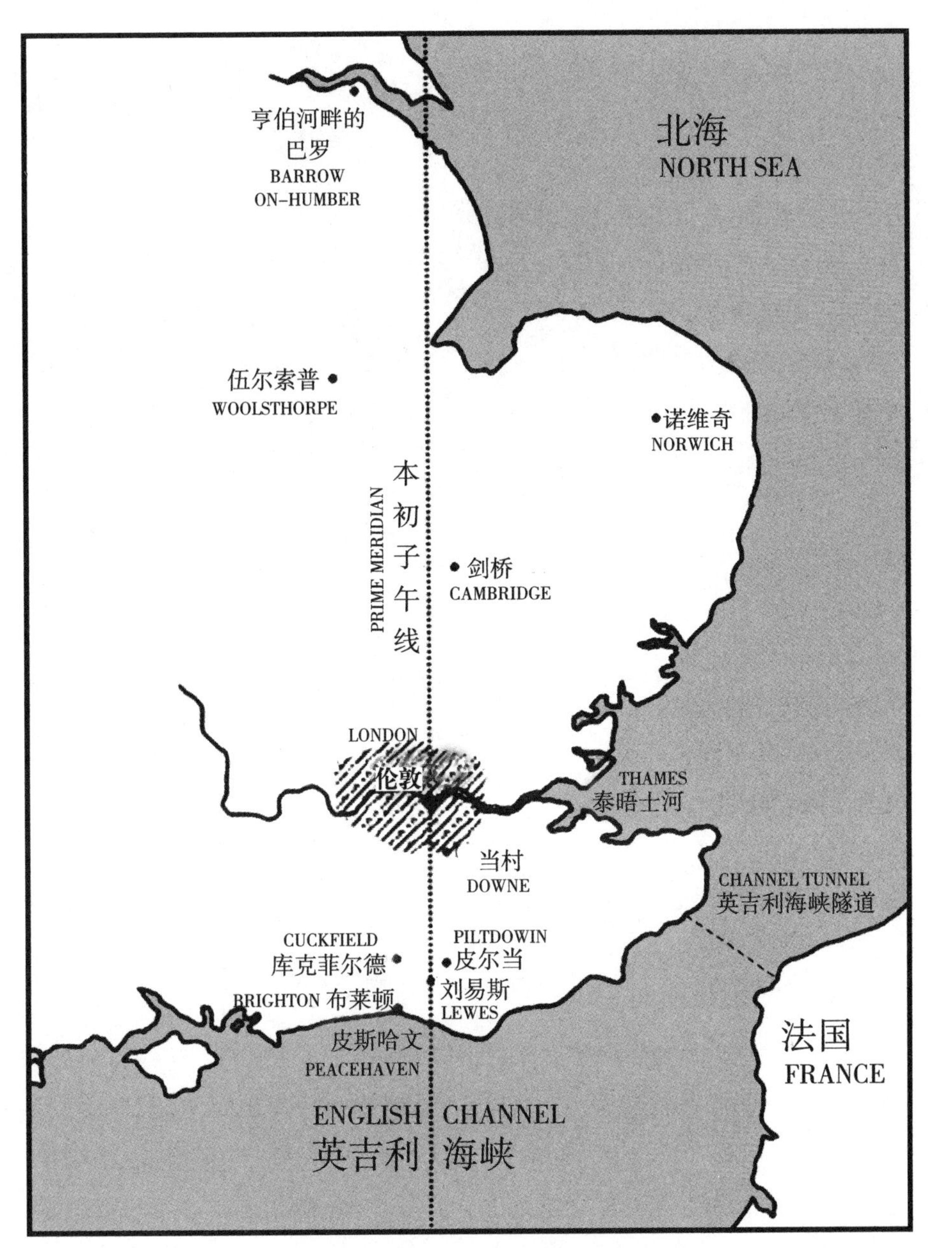

切特·雷莫徒步行走零经度线示意图

I attend to this infinitely mysterious world
with reverence, awe, thanksgiving,
praise. All religious qualities.

我用
尊敬、敬畏、感激和赞美等
所有宗教品质来对待这个无限神秘的世界。

——切特·雷莫(Chet Raymo)

没有特权场所。
如果你留在原处不动，
你的位置也许会成为一个神圣的中心，
不是因为它给你通向神灵的特殊秘诀，
而是因为在你的静止中
你能听到任何地方的声音。
从宇宙中任何地方可以看到一切，
如果你知道怎样去观察。

——斯科特·罗素·桑德斯
（Scott Russell Sanders）
（《旷野的图谋》《秘密宇宙的力量》作者，美国杰出文学家、思想者，将是2009年马克·吐温奖冠军得主）

追随《行走零度》

目录

1 □ 序

1 □ **引言**
9 □ **第 1 章　测绘地球**
31 □ **第 2 章　空间中的地球**
55 □ **第 3 章　地球的古代**
75 □ **第 4 章　人类的古代**
97 □ **第 5 章　宇宙的时间**
121 □ **第 6 章　宇宙的空间**

135 □ 后记
139 □ 致谢
135 □ 延伸阅读
139 □ 切特·雷莫的其他图书

141 □ 译者跋
141 □ 心中的零经度线

序

在2003年之秋，我沿着本初子午线，即零经度线，开始了徒步穿越英格兰东南部的旅行。我之所以选择沿着格林尼治子午线行走，并非灵机一动，而是基于历史上发生多种事件，子午线是全世界测量方位和时间的标准。坐落在格林尼治子午线上的皇家天文台由英王查理二世（1630—1685）建于1675年，自1884年以来，它已成为了确定地图和确定时间的国际共同标准。沿子午线的附近发生了许多在科学史上具有重要意义的事件。艾萨克·牛顿在剑桥大学的三一学院校舍离此线不远（这儿并非牛顿在林肯郡的出生地）。查尔斯·达尔文在肯特郡当村（唐恩）的家园离子午线仅两英里半。类似情况数不胜数。很难设想，在世界上任何其他的地方，漫步相同的长度，有如此丰富的线索，涉及人类的发现的历史。

《行走零度》记载了人类为了解宇宙的空间和时间所做的史诗般的奋斗。它是一部不断拓宽我们视野的故事，是智力、勇气和亲身体验的冒险经历的故事，是那些敢于认识到人类自己并非生活在宇宙中心的男人和女人们的故事。这是一个关于打破宇宙蛋的故事，也是一个关于一颗行星开始自我意识的故事，同时也是一个关于发现深不可测的空间和时间的故事，空间和时间可能事实上是无限的。

科学经常被想象为一种由男人和女人从事的枯燥乏味的活动，他们执意除去源于世界的精神和意义。从这些事实并不能进一步得到什么。许多勇敢的人们已经冲破了占统治地位的正统观念，使他们的思路跃上前人从未到达的境界。先驱者们，如尼古拉·哥白尼和查尔斯·达尔文是奋不顾身的革命者，他们清楚：他们的理念会受到那些因循守旧的人们的抵制。乔达诺·布鲁诺（Giordano Bruno）在1600年受到火刑处死，为他信仰的多元世界猜想付出了最终极的代价，该猜想现已为我们所接受。作为一位失明老人，伽利略（Galileo Galilei）被迫跪在一帮牧师的面前，否认他自己确信的地球转动学说。

我们的祖先大概自然而然地相信他们生活在宇宙的中心，与时间同步。莎士比亚写道："全世界是一个舞台"，他相当确切地表明：舞台是反映人类活动的戏剧性事件的场所。创造世界的神话认为：宇宙是为我们而造的，宇宙以我们为中心，时间除了用于标定人类历史外，就没有其他意义了。尽管人类历史无法与无数星系的宇宙和数十亿年的地质时代相比，但我们对宇宙空间和时间的发现必须看做是人类胆识和灵巧的胜利。毕竟，我们中间谁不愿意生活在宇宙的中心？的确，就我们人类对重要事物的判断力而言，没有什么比设想我们是一切事物的度量标准更值得自豪。为了抛弃我们祖先的那种舒适的以人类为中心的宇宙蛋学说，需要我们的勇气和意愿，去构思我们自己对远远超出我们想象的浩瀚宇宙的理念。在安排对宇宙空间和时间的考察旅行时，我们弃自信求新奇，弃简单求复杂，弃舒服求冒险。每当提及光年和数十亿年的地质时代时，我们或许有点惊异，但值得引以为傲的是，在那历史的探求中，人类心灵已经开始知道那一切，去分享那一切，即使仅仅作为观众。

引　言

我们中的每个人都诞生在世界的中心。

在母亲子宫的黑暗覆盖下，我们的身体经历了长达九个月的组合：分子和分子的组合，细胞和细胞的组合。单个受精卵细胞分裂为两个，然后四个，八个，十六个，三十二个，最后，达到50万亿个左右的细胞。首先，我们未来的身体源于仅仅一滴原生质。但慢慢地，非常慢慢地，这滴原生质在基因的引导下，开始分化。一个对称轴形成了。脑袋、尾部、脊骨形成了。此时，这个胚胎可能是人类的胚胎，或小鸡的胚胎，或小型长尾猴的胚胎。肢体形成了，手指和脚趾有半透明的指甲。眼睛覆盖着纸一样薄的眼睑，耳朵像花一样压在脑袋上，现在可以清楚地看到人体，鼻子、鼻孔、绒毛似的头发，以及生殖器。

随着自己身体的发育，智力也开始成形，但还没有知觉，还没有自我意识，神经细胞网在脑中编织在一起，并在某些方面包含了我们种族进化的经历。通过基因刻上了本能。例如，吮吸的本能。在子宫里，胎儿的小拳头贴到自己的嘴上，指望他（她）的嘴得到母乳。没有必要教孩子如何吮吸。其他的天生行为以后将会自我表达：笑、哭、怒、爱。

我们可能永远不会知道发育中的胎儿的头脑里在想些什么。但许多方面似乎是可以肯定的：在新生儿出生时察觉周围事物的情况下，**它的世界和它本身紧密相连**。我们不是生来就具备对跖地（如中国是美国的对跖地——译注）的知识、火星上平原的知识，以及广袤星系的知识。我们也不是生来就具备前寒武纪海洋、联合古陆这个超级大陆或恐龙时代的知识。我们出生在这个世界，几乎没有比我们的世界老，几乎没有比我们的世界大，我们在这个世界的中心。

人类的生活就是一次进入壮丽的宇宙的旅行，这个宇宙包含的星系的数量大于人体内的细胞数，在这个宇宙中，人的终生寿命只不过是有如宇宙时钟的咔嗒一声那么短暂。这个旅行可能会使我们失去方向感；人类最初的本能是朝向安逸，舒服，我们母亲的怀抱，她的乳房。因此，对于每个人，对于我们的种族，这样的旅行需要勇气。

在所有动物中，我们人类具有独特的能力让我们的思想扩展到星系的空间和时间。没有其他生物像人类一样，能计算自己体内的细胞，或数点星球。没有其他生物像人类一样，能想象得到在140亿年前的宇宙大爆炸，它从无限热的、无限小的能源种子形成可观察到的宇宙。我们选择的这次旅行是从母亲的提供全部养料的子宫扩展到旋转的空间和无限的时间，是我们人类的光荣，也是对我们的极大挑战。

零行
度走

哲学家一直在对我们已知的现实世界的范围无休止地进行辩论。无疑，在我们头脑中对世界有一种概念，这种概念是局部的、推测性的和发展的。它的形成不可避免地受到人类的本能、经验、文化和人类感知局限的影响。它受到人类大脑有局限性的能力的限制，人脑的能力虽然极其广阔，但毕竟有限。由此，我们可以对科学提出两点假设：（1）世界的存在独立于我们对它的知识；（2）我们对世界的了解与日俱增，接近真实。尽管这些说法似乎显然是真实的，但实际上哲学家们对其真实性进行了长期而激烈的争论。然而，上述这些假设是所有科学赖以为依据的基础。科学明显的成功有力地表明上述两点假设的实际效果，即使不是有力地表明它们的真实性。

科学是通向知识的汇集起来的总途径，我们创建的这条途径独立于地区的文化、父母和老师的信仰、宗教和政治。这条途径掌握着我们头脑带着的外部世界的形象，这种形象源于实践经验的提炼。上述经验不仅仅是普通经验，而且是一种特别的经验，称之为实验，这种实验在适当地操作和充分沟通，并采用必要的工具的前提下，任何一个人都能重复得到相同的结果。科学致力于证明一个概念的错误或一个概念的正确。科学需要我们慎重地、探讨性地、试验性地表示自己的信念，当总体证实机构失灵时，就愿意放弃这种信念。尽管没有人会断言科学是真实而绝对可靠的保证者，**但这是人类已经创造出来用于制作可靠的客观世界的精神形象的最有效的方法**。正如我所写的，有两个飞行器，“精神号”和“机会号”，经过许多个月的空间旅程，已经开始探测火星的表面。如果没有几代科学探险家提供给我们可靠的世界知识，它们的空间旅行是不可能实现的。

我将会继续发表一份说明：它不含有更多的哲学理念。为了得到可靠的世界知识，这次旅行是值得的。几乎没有人会对这个说明表示异议。但是，我们也擅长于找到一些方法，忽视客观存在的世界，而探求心灵——而世界的存在是基于人类对星系宇宙和地质年代的长期的科学探求而揭示出来的。子宫总是以它的舒服和安全以及爱心专注的父母照顾而受青睐。也许我们在遗传基因上形成一个偏爱的理念：我们自己是世界的中心。我们没有一个人，包括科学家，对自欺有免疫能力。

零度行走

如果我是你这次沿本初子午线旅行（并经历数世纪的科学探索）的导游，我揭示出，我从子宫到宇宙空间和时间的个人旅程的某些情况也许是合情合理的。像许多人一样，我出生和成长在传统宗教仍然是强势的中世纪的宇宙论时期。我在儿童时期对但丁（Dante，意大利最伟大的诗人——译注）在13世纪写的诗《神曲》（*The Divine Comedy*）中所描述的以人类为中心的宇宙论的熟悉的程度，超过对20世纪的天文学家和地质学家的宇宙论。

1936年，我出生在田纳西州（Tennessee）的查塔努加（Chattanooga），父母是白人，中产阶级，罗马天主教信徒。像别人一样，当我进入这个世界时，除了人类一般的特性（某些生存的本能、天生的行为和感情）之外，再也没有其他东西了，但我的文化行李包很快被充满了。我是南方人，因此受到种族主义的环境影响。燃烧着的十字架和披着白色床单的男人的形象在我年轻的理念中是很正常的一部分。除了这些形象之外，还有一种隐含的而时常是明确的说法：白人在道德和体质上优越。在教堂和教会学校中我受到的教育是，罗马天主教是一种真实的信仰，唯有它掌握着拯救人类的关键。我在田纳西河流域管理局和新政施政受益的中心地区长大，后来我登记成为民主党党员也许是不可避免的。美国是一个被上帝和历史偏爱的国家，对世界上欠幸运民族来说，是一个光辉的例子。换一句话说，由于碰巧出生在这个时期和这个地点，我发现自己被定位于某种概念的宇宙的中心，在这种环境下，我和一直居住在这儿的所有的其他人分享一切。

接下来，我人生的故事是离开我出生时的世界中心进入无中心的宇宙的故事。为此，我最信任我的父母，他们重视图书和历史。没有人可以在缺乏向导的引导下，孤独地从阿波罗神殿的圆石的世界中心舒适安全地离开。在我父母的书房里，我阅读到，过去和现在的男人和女人敢于敲凿宇宙蛋的壳，踮起脚尖察看宇宙视界，或者去搜寻无限大的空间和时间。从这些先驱者，我了解到：我的空间，我的时间，我的种族，我的宗教，我的国家，并不是我想象的中心论所描写的那样享有特权。起先，我为离开中心而有一种恐惧的感觉，我感到就像一个婴儿与他的母亲分离一样，我们任何人都不愿意自己离开中心而没有从早已离开人世的那些人那里得到灵感。

我自己的旅行始于较小的年龄，是在我能读小学书籍之前。在我父母的图书馆的书籍中，我特别记得约翰·詹姆士·奥杜邦（John James Audubon）的鸟类画册，它将我的想象带到19世纪早期的美国边界；还有19世纪美国的两位石版画家柯里尔（Currier）和艾夫斯（Ives）印制的整齐村庄绿色树林的一个两卷本画册，多年后，这对我结束在新英格兰的旅行是有帮助的；有一本关于海地的木刻的书，使我了解到，现实世界比美国面包商和中级探险家迪克（Dick）和简（Jane）所证明的世界更大，更加多姿多彩。此后，作为十几岁的少年，我在查塔努加公共图书馆当了图书上架员，其间了解了更多的世界上从未见到的新发现。（书籍的作用这么重要啊！）后来，凭着好运气，我赢得了在一所北方的国家大学的学习奖学金。这些书籍和好老师拓宽了我的视野。得到物理学博士学位后，我将自己定位于一位充满理想主义的科学教师，但我还不是宇宙的一位公民。

那时，我受到宗教历史学家米尔西·埃利亚代（Mircea Eliade，又译埃利亚德，罗马尼亚宗教历史学家和著作家——译注）的宗教理念的深深束缚。与定量论相反，我正在向我的学生讲授伽利略和牛顿的非中心论的空间和时间的概念。埃利亚代给我们提供一个基于远古传统的神圣的宇宙论。埃利亚代说：对于信奉宗教的男性，空间基本上是有中心的。在上述两卷本画册中提到，每个村庄，或每个村庄的中央小屋中都有一个杆，被假定为世界的轴心。神圣的空间由这个当地中心确定。沿着这个中央的轴，牧师和萨满教僧沟通神与人类之间的交流。神圣的洞察力将“绝对元素”引入了世俗的空间和时间，并将其结束于“相对性和混乱”。一个神圣中心这样确立，在我们世界（有中心的、秩序井然的宇宙），与一个远离中心的世界（一个外域的、混乱的地方，魔鬼出没，充满外域人和未解救的生灵）之间建起一个对立面。这样，我们的地方是确定的宇宙中心，在耶路撒冷，麦加的中央小屋，在佛的大树下，或在山丘上的光亮城市。

埃利亚代说，对于信奉宗教的男性，时间像空间一样，不是均匀的。它有确定的形式，是由一个中心的启示确定的：上帝给予亚伯拉罕、摩西和其他先知者的训示；基督的化身和死亡，在天空康士坦丁的炽热十字架，约瑟夫·史密斯发现在纽约山坡上摩门教的金碟，等等。宗教的仪式和典礼使这些单一的瞬间不断补充，不断重复。对于信奉宗教的人来说，时间永远更新、循环，像太阳运动一样。时间可以连续再生，正如空间一直围绕着中心一样，居住在中心的我们有如滚滚车轮，一次又一次地再生。

埃利亚代写道，宗教的时间是“永恒的连续”，并一再重复世界的创造，拯救和完成。同样，神坛在教堂的耳堂的位置对应伊甸园中连接地球基本方位的交叉点：北、南、东和西。（中世纪的欧洲地图，将伊甸园或耶路撒冷放置在世界中心。）一个人从中心离开时，就像遇到更大的混乱。（在中世纪的地图上，那些边界是巨大的陆地和海洋。）神圣的时间、神圣的空间确保了在宇宙规模内子宫的安全，在子宫内我们的身体和原始思维可以由没有生气的原料组合而成。

或许这并非令人惊讶，我发现埃利亚代的理念是多么令人鼓舞。我一直在宗教传统中长大，在教堂中，在日常和年度活动中默默地庆祝远古的宇宙周期。一天的祈祷时刻分为：申正经，赞美经，晨经，辰时经，午时经，申初经，晚经和夜课经。这些时间段是根据圣经的规定由祈祷者确定的，从而将基督教历史可见的直线编织到不断重复的宇宙时间的线圈里。甚至更显著的是在罗马天主教传统中礼拜的五彩年轮，永远旋转，标示太阳永远升起和下落，使得我们无法为天体提供明确的参照物。

因此，跟随埃利亚代，我传播宗教的华盖，这超过我的科学研究。从新教的理论家鲁多尔夫·奥托（Rudolph Otto），我吸收了上帝的新理念，如恐惧和迷人的秘密。我也吸收了约瑟·坎贝尔（Joseph Campbell）、詹姆士·佛拉泽（James Frazer）、埃米尔·达克翰姆（Emile Durkheim）、洛西·利维（Lucien Levy）的作品的精华，对布鲁赫尔（Bruhl）、卡尔·钧（Carl Jung）、布鲁尼斯劳·马林诺夫斯基（Bronislaw Malinowski）和其他历史学家和学者的宗教文章，也像伽利略、牛顿、麦克斯韦、薛定谔的文章一样，我都很喜欢。但是，在我阅读的文献中存在着很大的不兼容性，因为它有着固有的矛盾，所以这种不兼容性是无法调和的。前几位作者，信仰宗教的学者，常常一遍又一遍地向我陈述中心的永恒循环，世界的中心，太阳循环的重演，用比较现代的方式一再叙述永恒回返的神秘观点；而后面几位作者，科学家，开拓了一条从大爆炸到（也许）最后冻结的线性通道，通过一个在进化的、总是在演变的、无中心的世界，在这个世界里甚至人类的历史如同一支变化的单向箭。我被牢牢套在迷惑不解和清醒之间，其紧张程度是可想而知的。

当我必须确认自己何时真正领悟无中心论的概念时，我才想到：是在1968—1969学年的秋天，我得到国家科学基金会奖学金的资助，在伦敦的帝国学院开始学习历史和科学哲学。这是我第一次离开美国，这儿的文化与我自己的文化背景有明显差异（当然不是根本区别）。我带着妻子和三个年幼的孩子，住在南肯辛顿展览路附近的一间公寓内，从这儿走到我学习的帝国学院仅仅是一小段路，而且更靠近伦敦的自然史博物馆、科学博物馆和地质博物馆。这些专门的机构内挤满了许多与科学技术史有关的古器物（我将会在下几页中展示部分收集品）。1968年秋天，在科学博物馆上层的一件特殊物品使我眼前一亮：这是一面镀银的直径72英寸（1.83米）金属的镜子，完成于19世纪的后半叶，是当时世界上最大的望远镜的中央部分。

展示在科学博物馆的镜子是巨大望远镜的聚光元件，该望远镜由罗斯勋爵威廉·帕森斯（Lord Rosse，William Parsons）建成，位于爱尔兰的比尔。他通过这架望远镜，发现了旋涡星系及其他星系和星云。我记得，这件重要的历史展品在博物馆水平放置，犹如一个闪光的水银魔法池，从中，人们可以发现宇宙的许多秘密，萌发幻想，这幻想可能已经被这不可思议的镜子和孩童时期神话故事所强化。罗斯勋爵的望远镜的反射镜正是那神话故事所说的那种镜子。我以前在天文学书籍中阅读到他在猎犬座发现的著名的涡状星系的略图。那时我学习过不少天文学知识，已经知道：涡状星系，包括我们自己居住的银河，只是旋涡星系的无数星系之一，旋涡星系遍布宇宙空间。在我的心目中，通过在镜子中光亮亮的眼睛的反射，我看到了大量星系的宇宙，同时，我也理解，这些是生活中不可缺少的知识。

当掉入旋转的空间时，我难以过分强调当时产生的突然感觉。我知道我们和这涡状星系相距1 500万光年。这个星系的数千亿星球不仅仅向我发光，而且向四面八方发光，穿越整个太空！——1 500万（光）年以后，这个星系发出的光子中，仅有极小部分射在罗斯勋爵的72英寸（1.83米）镜子的表面，通过镜面的凹面图，聚焦在这位天文学家的眼睛的视网膜上，形成一个图像。这里有一条像时间之箭一样直的线，穿过宇宙，这条线显示地球绕太阳循环，或使人的生命循环，似乎的确没有什么特别的。在19世纪后半叶，面对透彻的夜间的天空，在罗斯勋爵的反射镜的亮晶晶的镜面上充满了星系、星云、恒星、行星，世界和没有穷尽的世界。在那金属盘的表面有某种东西，的确非常神秘而又迷人，但它并非如奥托（Otto）和埃利亚代所想象的，这种东西并没有黏附于我出生时阿波罗神殿圆锥形神石上（古希腊人认为此石标志着世界中心——译注），当时我就知道它不在“太阳永恒回返”的轴上——我愿意生活的地方是在那望远镜的水银池里，它的深度足够容纳无数个多元的世界。

零度行走

为了寻找我们在宇宙的空间和时间中的旅行途径，需要我们每个人独自亲身体验。你的旅程将会几乎肯定不同于我的，但是基于以前勇敢的男人和女人们取得的成就，我们就一定可以成功。想想玛丽·安宁（Mary Anning），我们将会在下面的章节中涉及更多。根据维多利亚女王时代的文化需要，安宁身着丰满的裙子和戴着软帽，在英国南海岸的莱姆里吉斯（Lyme Regis）的悬崖边挖掘化石，以此度过她的一生。这地方离我开始旅行的地方并非很远。她的努力揭示了在早已销声匿迹的大海中，曾经存在着成群的龙一样的生物，它和现在存在的任何动物都不同。你我可能在一生中幸运地偶然发现一个或一种化石，由此，我们可能想知道化石表示什么以及化石的起源。但我们缺乏安宁那样的干劲、她的才能和她终身的奉献。我们当中几乎没有人能重复她的成就，也就是，她收集了大量的灭绝的生物（化石）。我们也不会重复在维多利亚女王时代仅靠个人努力而取得的成就，也不局限于安宁发现的骨头化石。因此，我们有必要了解我们祖先的辛勤努力和丰硕成果。

因此，让我们开始一次旅行，部分徒步于英国的东南部的大地上，背着背包和足蹬健身鞋，部分漫步于想象中。我们辛苦的长途旅行将会带我们穿过未曾开垦的乡间和迷人的村庄，沿着伦敦繁忙的街道和清闲的乡村水道。沿着这条道路，我们将会找到卓越的学者和有远见的观察家留下的痕迹，数千年之前，他们在空间和时间方面的成就给我们后人留下了不可计量的知识——同时打开了我们对星系宇宙的心灵和思想。

第1章

测绘地球

1783年，威尔斯亲王，英国国王乔治三世的儿子，游览了海滨城镇布莱顿（Brighton），它位于伦敦南部45英里（72.4千米）处。在所有的报道中，他是一个放荡的年轻男人，喜欢喝酒、赌博和拈花惹草。他完全被布莱顿那令人心旷神怡的海洋空气和在大海中游泳所迷住，在那儿建立了一座适合他自己的海滨宫殿。

在此后的数十年中，他那简陋的“园林”扩大成为皇家园林，一个愚蠢笨拙而又显赫气派的洋葱式圆顶和尖塔突起的混合模仿品，这种建筑风格有人称之为印度风格，但又添加了中国式样、俄罗斯式样或阿拉伯式样，谁知道还有何种式样。毋庸讳言，由于皇室王子住在此处，后来国王给布莱顿镇特别的装饰，很快，一个实实在在的城市在王子的令人愉快的圆顶建筑的周围发展起来了。铁路通到了城镇，水族馆建成了，并且著名的布莱顿码头延伸到海洋。尽管王室离开布莱顿已很久了，但是这儿优雅依旧，这座城市是伦敦人逃离大都市繁华而寻找所喜爱的幽静的目的地。

吸引我来布莱顿的不是码头、水族馆或皇家园林。我旅行的目标是城东约5英里（8千米）外的海边郊区皮斯哈文（Peacehaven）。到这儿来旅行的独到之处是沿着纯白垩的垂直悬崖行走。我有一个选择，我可攀登到陡峭山壁顶上或漫步在峭壁下面的海滨人行道，这条海滨小道不是专门为行走而修的，它的目的是保护容易腐蚀的白垩峭壁免受海水的冲击。直到19世纪，工程师建起了防波堤，布莱顿的历史才由主要的乡村观光转变为在冬天风暴期间观看英吉利海峡海水翻滚的壮观景致。

我选择了沿着悬崖顶行走，我看到了早在我到达这里以前我就在寻找的东西：一个高高的白色纪念碑，顶部有一个地球仪，这个纪念碑是矗立在悬崖最高的一部分。我到达的地方正好位于赤道以北的北纬 50 度 47 分，东经 0 度 0 分。恰好是零经度。我横跨在格林尼治子午线两边。纪念碑上的碑文如下：

皮斯哈文
英王乔治五世纪念碑
1936 年当地居民所立
以纪念
敬爱的君主 1910—1936 年间卓著的仁政
并将皮斯哈文的位置标记在格林尼治本初子午线上

此后还有一块较小的匾，其文如下：

庆祝国际本初子午线设立一百年
1884—1984
该匾由皮斯哈文市长 议员
阿尔法·克莱顿（Alfa Clayton）揭幕
1984 年 6 月 26 日

在 1884 年发生的所有重要事情中，没有比空间和时间的全球化更重要了，也就是确定了国际公认的零经度子午线和标准时间。此前，全世界主要国家以他们各自首都为测量经度的标准。如位于伦敦、巴黎、柏林和华盛顿的东面或西面多少度。每个国家，有时在一个国家之内每个地区，通过日晷将太阳在该地区中午位于天空最高点时作为定时的标准。这样，没有统一的地图，或没有统一的时间。

但 1884 年发生了几件大事情：铁路、电报、帝国大厦使更多的国家和人民相互依存。通过海底电缆，仅需几分钟就可将信息从欧洲传到美国。通过轮船穿越大洋仅需几天，而以前通过帆船穿越大洋需要几周时间。铁轨横跨各大洲。现在，技术是全球化的原动力。在许多国家中经度标准和时间标准的系统化成为不可抗拒的压力。

在纬度的定位上，大家都一致同意。但一个人在地球南北的位置不能含糊。地球自转确定了极点和赤道。例如，如果你站在北极，随地球自转，星星正好在你头顶循环。北极星接近顶点，几乎不动。如果你在赤道，星星的弧光从东到西划破夜空。北极星接近地平线北部。在地球上任何其他地方，你可以通过测量北极星在天空的仰角，来确定自己的纬度。我站在皮斯哈文（Peacehaven）的白垩悬崖上，我位于赤道以北的北纬 50 度 47 分。有关这个事实，英国人、法国人、德国人、美国人和世界其他国家人民对此都无争议。

但经度却是完全不同的事情。沿着赤道，我们将哪点定为零经度？我们如何在地图上确定东经度数和西经度数？地球在星星下面自转，但在测量经度时，星星根本无法帮助我们。一个地方像其他任何地方一样，可作为地球东西方的参考点，在 1884 年以前，英国、法国、德国和美国等其他国已将他们的地图按自己国家天文台定位。每个国家实际上都将自己置身于“世界的中心”。

桑福德·弗莱明（Sandford Fleming）力求将此标准化，他从苏格兰移民到加拿大，浑身充满了抑制不住的发明和能量。在成为一名地图和时间的国际标准化的推进者以前，弗莱明在加拿大是一位颇有名气的测量员、地图制作者和土木工程师。在某种文化落后状态中（加拿大当时在大英帝国是相当呆滞的一部分），他似乎已不大可能成为经度和时间国际标准化的提倡者，但这也恰恰可以使他摆脱地区自傲的偏见。当进行地图或时间的国际标准化时，由于英国和法国的各自民族自尊心，几乎不可能首先放弃自己选择地点和时间的优先权，加拿大也几乎不可能主张自己作为国际标准化仲裁者。

1884 年，在美国总统切斯特·A. 阿瑟（Chester A. Arthur）的邀请下，更主要是由于弗莱明不停地游说，来自 25 个国家的 41 名代表在华盛顿哥伦比亚特区（Washington，D. C.）相聚，来决定“本初”子午线，即零经度线，它将统一世界地图。这样，地球便可分成 24 个时区，每个时区为经度 15 度宽，确定本初子午线位置，无论子午线选择在什么地点，所有时钟就可以以小时为单位表示之间的时差。

为了避免国家利益的冲突，有人主张选择“中立”的子午线，例如，定位于埃及吉萨的金字塔，或耶路撒冷的庙宇，或意大利的比萨斜塔以纪念伽利略。这些稀奇古怪的提案毫无意义。但有一个是重要因素，即本初子午线必须穿过一流的天文观测台，据当时的情况看，如英国和法国的子午线（因为是主要的竞争者，所以提及），这样，时钟可与太阳保持同步。选择英国的格林尼治皇家天文台在很多方面是合乎逻辑的。英国是世界上最悠久的帝国。72%的国际航运已经使用基于格林尼治的地图和时间，而且，美国的铁路系统近期已经接受格林尼治子午线为他们的标准时间。但关键的一点是：法国不愿把此奖品授予长期对手英国。法国在华盛顿会议的代表发誓：“法国将不会同意在她的地图上标记‘格林尼治东经度数和格林尼治西经度数’！”

弗莱明希望平息法国的不满，提出一条**反格林尼治**子午线：一条零经度线正好位于格林尼治和来自世界各地的通道的中间，这几乎完全在太平洋水域，引起不便。但能维护以格林尼治为基础的地图和时区的完整性，避免在法国地图上标上格林尼治，或给任何国家首都以优先权的位置。格林尼治天文台依旧可确定与太阳同步的时间。法国提出了一个折中方案，如果英语国家接受以法国的米（meter）作为标准衡量长度，法国也同意格林尼治为本初子午线。没有其他选择，英国将放弃心爱的传统标准度量单位：英寸，英尺，码，英里。

最后，与会的25个代表团中，22个同意以格林尼治为本初子午线，法国和巴西弃权，只有小小的加勒比海国家圣多明各（San Domingo，多米尼加共和国的旧称——译注）投了反对票。

这样，行星地球上的人们向时间和空间的概念化迈出了他们不完整的第一步，使得任何个人、任何部落、任何种族都不再享有特权。弗莱明的理念中含有像牛顿的想法：普遍的、绝对的空间和时间。联想到这位伟大的物理学家在1687年写成的《自然哲学原理》（*Principles of Natural Philosophy*），空间和时间都不以伦敦、巴黎或华盛顿作为参考，甚至地球本身。

今天，随着因特网、地球同步卫星和高速空间旅行的发展，地球围绕太阳运动和在太阳下的运动越来越不重要。对国际商务来说，无论白天和黑夜，夏季和冬季，都同样适合。数据的比特和字节以光速在虚拟空间（cyberspace）传输，无需关注时区的概念。把数据压缩打包所需的瞬息间，从伦敦传到东京，而太阳在天空的位置几乎没有明显变化。没有根本理由，为何全球同步的时钟保持一种以地球自转为参照，无论太阳在何处，所有陆地钟表读到一样时刻。小时、天、周、月甚至年都是高技术发展前的文明，对从不停止的世界关系甚小。

但在1884年，世界各国尚未摆脱他们对本地区的依恋。直到今天，我们不能说自己完全是宇宙公民。皮斯哈文的居民在1984年，为庆祝“本初子午线会议”100周年时，将一块牌匾挂在本初子午线纪念碑上，就显示一种认为自己在世界的中心的自豪感。当我背向大海，沿零度经线向北出发时，我发现，“子午线购物及社区中心”是这个整洁的城市的中心。

我打算横跨英格兰东南部的徒步之旅有一个目的：我希望去追踪人类从感知中心发展过来的踪迹。无论是单独或集体行动，我们通向宇宙空间和时间的旅行，开始于深思熟虑的一步，但是，当我沿着子午线迈出第一步时，我就知道：一旦我切断所有的心理脐带，即我诞生在世界中心后，我就有很长的路要走。

零度行走

为了这次行程，我带上了英国陆军测量局——即国家测绘局绘制的地图，这是专门为步行者、骑马者和骑自行车者设计的探索者系列折叠地图。每张地图涵盖10×20平方英里（518平方千米）的面积。我已得到了一打地图来引导我穿越英格兰东南部，地图涵盖子午线两旁的农村。为庆祝2000年的千禧活动，陆军测量局发布的地图上将本初子午线标为深绿线，这也是我大约要行走的路线。当然，不可能完全沿着本初子午线行走，有些地方并无小径或适合的通道，但是相比美国，英国有惊人密集的公共步行小径，详细地标在地图上。我就可以从南到北，从英吉利海峡（the English Channel）到北海（the North Sea），不会离开深绿线几英里。在英格兰的6周行程中，我将会走过这段不错的路程。

在皮斯哈文，我开始了艰苦跋涉。我的地图上标明这条绿线跨海延伸到法国。本初子午线是确定在格林尼治皇家天文台，靠近伦敦市中心，从北极延伸到南极。子午线穿过100英里（161千米，又称180千米——译注）宽的英吉利海峡，在法国勒阿弗尔（Le Havre）附近上岸，然后，经过100多英里到巴黎的西部。1884年前，法国将此线定为自己的零经度线，子午线越过庇里牛斯山脉进入西班牙，并从西班牙沿海在巴伦西亚（Valencia）海湾离开。从此越过西部非洲的阿尔及利亚、马里、布基纳法索、多哥、加纳。在几内亚的海湾横跨赤道，经过一段水路，穿越南大西洋，最终到达南极洲。从皮斯哈文北上，子午线途经格林尼治皇家天文台，然后，沿李河（Lee Rive）河谷行至中间，到达剑桥，在约克郡的坦斯特尔（Tunstall，旧译彤丝朵）海岸离开英国，这儿有一条畅通的水道，越过冰和水，直达北极。子午线途经三大洲的9个国家（也许你可以称南极为一个国家，也可称其为一个大陆）。将近三分之二的子午线是从水面上越过的。

不难理解法国为何特别抵制采用格林尼治子午线。不仅这不是巴黎的子午线，而且它还断然切开法国，在数世纪前英国军事干涉失败的地方，成功地实现了制图入侵。但更重要的一点是，17世纪90年代，法国已投入了史诗般的努力和相当大的民族自豪感在巴黎子午线的测量上，从北部的敦克尔克到南部的巴塞罗那，其目的是采用了新的国家标准长度——米。1791年，法国国民大会确定：米的长度是由地球极点到赤道距离的一千万分之一。该理念取代了一个任意的、有浓厚国家地方色彩的测量方法，是有希望的国际标准，通过测量可以精确定义，它强调了世界大同理念。所有一切，有一点可与地球上所有公民共同分享的是他们生活在一个极为完美的星球上。法国追求在空间和时间的国际通用标准是人权思想教育的必然结果。这不是巧合，托马斯·杰斐逊（Thomas Jefferson）写道：“我们认为这些真理是不言而喻的，人人生而平等……”他是早期的米制拥护者。

地球周长的四千万分之一，这分数并非随机。1791年，地球已知的规模就已相当准确了，并且法国议会确认地球周长的四千万分之一将是一个方便计量标准，与英国的“码”区别不大。现在需要的是：随着启蒙科学的成熟，采用所有改进了的计算方法和仪器，使大地测量精度达到空前准确。为此，两个著名天文学家分别被法国政府指派去调查地球周长的弧线。德朗布尔（Jean-Baptiste-Joseph Delambre）北上到敦克尔克，沿英吉利海峡的海岸南下，开始朝南工作。梅尚（Pierre-Francois-André Mechain）将赴西班牙巴塞罗那，朝北工作。

这两位测量天文学家有着相似的背景。德朗布尔（1749—1822）是一成衣商的儿子。在他生命的第二年，由于天花，一生几乎双目失明。在 21 岁时，他的视力差到几乎无法阅读自己的笔迹。不过，在数学和天文学方面，他接受了广泛的经典教育，并自学成才。在著名天文学家拉朗德（Ioseph-Jérôme Lefrancais de Lalande）的关注下，他的才华被大家承认。尽管视力欠佳，1789 年他仍被列为全法国最有业绩的理论和观测天文学家。梅尚（1744—1804）来自一个同样微贱的背景之家。他的父亲是个泥水匠。还是在孩子时，他就将天文作为一种业余爱好，这导致在适当时候，他在科学上事业有成。他的才华也被拉朗德认可，拉朗德帮梅尚找到专业制图职业。他们两人自然地选择测量地球作为使命。

这两位天文学家是这样测量子午线弧度的。首先，要求确认巴塞罗那和敦克尔克的精确纬度，这样，精确得知的地球周长的分数可以用测量弧度来表示。通过对北部天空上北极星和其他的星球数百次的仔细观察，德朗布尔确定敦克尔克的出发点的纬度是 51 度 2 分 6. 66 秒。在数百公里以南，梅尚发现巴塞罗那测量站的纬度是 41 度 21 分 45. 10 秒。两者相差 9 度 40 分 21. 56 秒，这意味着：巴塞罗那和敦克尔克间调查的距离约为地球周长的三十六分之一。当然，实际的分数是非常精确地算出的。

其次，测量员在地面设置一条基础直线，并用可得到的、最精确的“码尺”来测量它的长度。在这条基线两端用特制仪器测量角度，该角度是由基线和远方某高点的视线形成。这些视线是透过望远镜，观察一个山头、大楼或斜塔尖顶得到的。如果知道三角形一边的长度，即基础直线，以及毗邻两个角的角度，这样，每个高中学生都知道通过三角函数可以计算其他两条边的长度。该三角形的任何一边可以作为另一个三角形的基础直线。依此类推。测量员只需从顶点到另一个顶点去测量角度，在农村建立三角形网络，从而可以最终确定任何三角形顶点之间的距离。这样，德朗布尔和梅尚沿着一条南北约 10 度的子午线的距离，或地球周长的三十六分之一的距离进行测量。带着沉重的仪器，梳理每个顶点：山顶、山头或水塔，进行密集测量。为了稳定的数据，角度一次又一次地被测量，数据记录、检查、复查。像海上领航员一样，德朗布尔和梅尚需要全力对付多云的天空。有时，他们遇到大风天就要等待数日，直到山顶雾消云散，才能通过角度测量仪的望远镜，测量到遥远的光线。他们精心编织的跨越法国和部分西班牙的网点需要数以百计的互联三角形，从北到南，从南到北进行测量，使顶点位于高位，这样就能达到最宽视野。最后，两名测量员和他们的员工在巴黎南方某处会合，并将他们的三角形网络结合起来。

记住，测量员的目的不仅仅是简单地知道地球的大小；他们想尽可能准确地知道地球的大小，这样，可以采用新的长度测量标准：米。与此同时，法国陷入一片混乱。这样，在一片民众革命和与西班牙的战争中，在未被送上断头台或仪器被土匪掠夺去的情况下，两人完成测量是很令人惊奇的。梅尚尤其遭受艰难困苦，几乎毁掉了这个弱小的男子，加上他测量的巴塞罗那的纬度数据有不少的不一致之处，这种情况缠绕他一生，直至生命结束。两人特别专注于科学理想。当德朗布尔在 1806 年向拿破仑皇帝提交子午线勘测最后报告时，皇帝说："征战此起彼伏，但这项工作将永存。"任务完成后，将一根相应的白金棒作为第一根"米尺"，以后，此尺可用作校核其他测量长度仪器。地球大小的测量已经比以往更准确，地球上的人们（至少法国人）有了崭新的测试系统。

零行
度走

托马斯·杰斐逊期望：新的国家美利坚合众国支持法国的米制，但实际发生的情况并没有像他想象的那样乐观。直到今天，美国几乎是最后一个坚持使用：码、英里、加仑和磅的国家。现在，美国人对米制的态度有如当年法国对格林尼治子午线的态度，他们无视世界的其他部分，甚至不惜牺牲自己的最好经济利益。

当我还在孩提时代，就学会用英尺或码尺测量长度。此后，通常在当地五金店免费领取上面印有广告的尺子。我看到第一根米尺是在高中物理实验室。直到我离开这儿，去大学学习科学时，才意识到巴黎的白金棒主宰了科学测量的世界。从那时起，我以米制对世界作定量的思考，但是，每当我为美国读者写书时，我的编辑们坚持要求我以英尺和英里表示长度，正像我在本书中的表示方法。美国人似乎不愿意放弃他们自封的、世界标准的仲裁者。

在 20 世纪 70 年代的一个短时期间，美国几乎采用了米制，但公众的反抗是激烈的，罗纳德·里根总统上台后，将有人提出的调整测量体系的建议束之高阁。与此同时，全球贸易火红，即使官方再顽固，无情的改变压力和美国工业——尤其是汽车工业——已经转为米制度量。最后，政策将会必然随着实际而改变。历史的推动力总是离开局部主张。

事实上，巴黎的白金棒已失去了昔日的重要性。自 1983 年，米已经确定为在真空中，光在 299 792 458 分之一秒中走过的距离。同样，秒不再被定义为地球旋转周期的分数（自转减速了），而是将铯 133 原子在绝对温度零度时，围绕磁场转动 9 192 631 770 周所持续的时间定义为 1 秒。（不必担心最后一句话的意思，物理学家能非常精确地测量原子振荡）。就目前而言，物理学家认为光速和原子振荡频率在整个宇宙中是恒定的。因此，修改后的米制度量标准将独立于任何国家以前的主张。新定义根本没有以地球为参照。

零度行走

德朗布尔和梅尚不是最早测量地球者。古希腊的自然哲学家早就知道：地球是一个球体，而且用天文观察计算出它的大小。被誉为第一个用科学方法测量地球圆周的是埃拉托色尼（Eratosthenes，约公元前 276—前 196，古希腊天文学家、数学家和地理学家），他是埃及尼罗河口岸、亚历山大市的一个拥有大量藏书的图书馆的管理员。他来自昔兰尼（Cyrene），位于非洲海岸北面、亚历山大西面的一个城市。在亚历山大皇帝去世后，罗马崛起成为强国之前，他生活在亚历山大，除此之外，我们对他几乎一无所知。

我们不知道他的模样、他的祖先、他的后代、他的优点、他的缺点。我们只知道，他确定了地球的大小，而且达到了惊人的准确度。

在亚历山大于公元前4世纪以武力征服埃及前，他建立了一个以自己名字命名的城市。很快，这儿成为地中海地区的哲学之都、智力的圣地，它吸引整个地中海地区的哲学家、数学家，云集在亮白的街道上。该市拥有世界一流的图书馆，拥有数万卷书，超过埃拉托色尼管理过的图书馆。据记载，埃拉托色尼被不少当时的人轻蔑为杂而不精，什么也不掌握的人，但是，这可能就是一个理想的图书馆馆员的品质。

我们从不知道埃拉托色尼到底如何完成他流名千古的史诗般的发现。我们唯一的线索是来自历史文献。我愿意想象：一个充满无法抑制的好奇心的男人，埃拉托色尼出没在亚历山大的市场、码头，询问大篷马车夫和船夫，询问他们已经访问过的地方的地理情况和文化习俗。有一天，他从一位乘马车旅行者那儿听到：在色耶尼（Syene），离尼罗河有一段距离（在今天的阿斯旺水坝〈Aswan Dam〉附近）的一个深井，在施洗约翰节那天，可以在很深的水井底反映出太阳。这意味着当天色耶尼的太阳正当头顶。起初，埃拉托色尼并未将这小小的事实留在他浩瀚的记忆中。但当晚上（我继续我的幻想），喝了几杯葡萄酒后，他双脚跃起，并对他的朋友们大声惊叫："我知道地球的大小了！"对于此项宣布，他的朋友们无疑地互相眨眼示意和用肘互相轻推，并开始另外一轮的饮酒。但是埃拉托色尼知道（因为，他毕竟是杂而不精的）在施洗约翰节，亚历山大上空的太阳并非正当头顶。他知道：地球是一个球体，如果在很远的地方，太阳的光线基本平行，阳光以不同角度照射到地球表面不同的地方（见图1-1）。如果太阳在色耶尼是正当头顶，那么，在亚历山大的太阳就不能正当头顶。这就给后面留下了一个至关重要的线索。

在下一个施洗约翰节，埃拉托色尼做了一个简单的定量观察。他在亚历山大测量一个垂直圆柱子的影长和太阳光线与直柱的角度。对比色耶尼的深井，这和德朗布尔和梅尚在敦克尔克和巴塞罗那之间的测量基线两端来测量不同纬度差一样。埃拉托色尼在亚历山大当施洗约翰节那天太阳在最高点时测量的角度比用同样方法在色耶尼测得的角度大7度，或约占五十分之一圈。他知道：这就是亚历山大和色耶尼的纬度差（虽然，当时纬度仍然没有被明确定义)。换句话说，色耶尼和亚历山大之间的距离大约为地球周长的五十分之一。由于亚历山大到色耶尼之间是数百英里的尼罗河谷地，埃拉托色尼是无法按梅尚和德朗布尔的方法进行这项测量的。但是他确实知道这是大篷车旅行队大约50天的旅程，大篷车旅行队每天约走过100个体育场（在希腊测量界，一个体育场大约是十分之一英里，即161米)。两地之间的距离大约是5 000个体育场、相当于地球周长的五十分之一。因此地球的周长是250 000个体育场。埃拉托色尼完成了测量并得到相当准确的结果（尽管他的数据不甚完善）——地球周长约2.5万英里（4万余千米)。

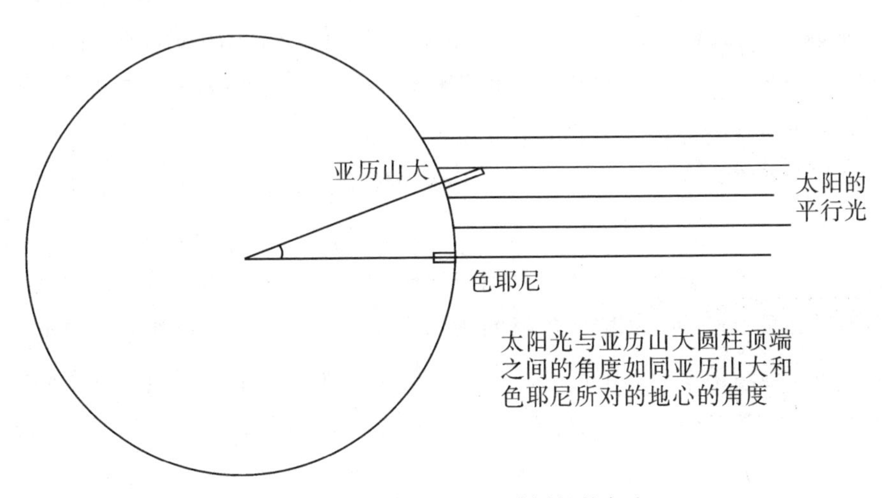

图1-1　埃拉托色尼测量地球周长的方法。

这个故事在天文学或者地图制作的历史书上时常都作了详述，这也是应该的，但是，对我而言，似乎在故事里两个最醒目的方面却很少被提及。

首先，再看看图1-1，它经常说明埃拉托色尼采用的方法。地球用一个圆圈来表示。这对我们似乎是完全合乎常情的；毕竟，我们已经见到来自空间的地球的照片，如此滚圆，如此平滑，犹如一个台球。但近观地球表面，除了十分完美的几何形状外，还有：植物、动物、丘陵、河谷、河流、海洋、城市、庙宇、海浪、云彩，地球如此纷繁，如此多样性。所有一切，对男人、女人的生活是那么有兴趣和重要。但在埃拉托色尼的图中，这些都没有。他用罗盘画了一个圈，并说："这就是地球！"那么，去掉我们星球中的多样性使其成为一个纯几何图形，接着，他计算其大小。为此，我主张，作为数学科学的开端，这是一个人类历史上关键性的时刻，一种惊人的智力抽象。

这里，我们首次见到三大支柱的科学方法在一起工作：（1）一个世界理想化的概念模型（地球作为一个完美球体）；（2）定量观测（测量阴影的角度和从亚历山大到色耶尼的距离）；（3）数学计算（在这种情况下，应用欧几里得几何规则）。希腊文明给了我们很多美好的事物；可以试想：如果没有希腊的政治、艺术、建筑、戏剧、历史为基础，西方文明又会如何。但是埃拉托色尼画一个几何圆圈代表地球本身犹如索福克莱斯（Sophocles，*古希腊悲剧作家*）的演戏、希罗多德（Herodotus，*公元前485—前425，古希腊历史学家*）的历史或雅典的民主一样令人敬畏：一种抽象思维方式最终将人类的想象带到遥远星系。

其次，有些事情更加微妙，几乎从未评论：我检查了6本有关天文方面的书，它们全都有图1-1 的译文，包括太阳的光线平行照射到地球。但这只能相对于地球自身的尺寸，太阳与地球的间距要大得多。否则，光线如不能看做是平行的，埃拉托色尼的试验将失败。当然，埃拉托色尼可能公平地假设地球是平的，用自己观察到的阴影和距离，来计算地球到太阳的距离（见图1-2）。在天文书籍中表面上似乎简单、明了的图示背后暗示了埃拉托色尼部分的大胆直觉：**与地球到太阳的距离相比，地球只是一个小小的球。如果太阳遥远，它必须非常大，甚至大于地球**。埃拉托色尼的猜测全部基于：相对于地球到太阳的距离，地球是很小的。有些猜想我们今天可以确认，但在埃拉托色尼时代则无法证明，有违于当时的常识。为什么埃拉托色尼能有这样的假设呢？一种灵感的猜测？但正如我们将在下一章看到的，亚历山大的科学家们（第一代真正的科学家们）不仅考虑地球的大小，而且考虑地球到太阳、月亮、星星的距离，考虑月食和月相，考虑天体南北运动时在地球表面的位置变化。埃拉托色尼测量地球是一个新的天文网络理念发展的一部分。今天，我们的工作是要求采用**简捷的解释**：我们坚持那些假设是真的，能以最简单的术语解释最复杂的事情。并非是神的发现确认了埃拉托色尼的核心信念是正确的，所有的科学都基于灵感的猜测。我们不能证明对科学假设的解释正确与否，但**一致性和简捷性**贯穿在解释的安排中。

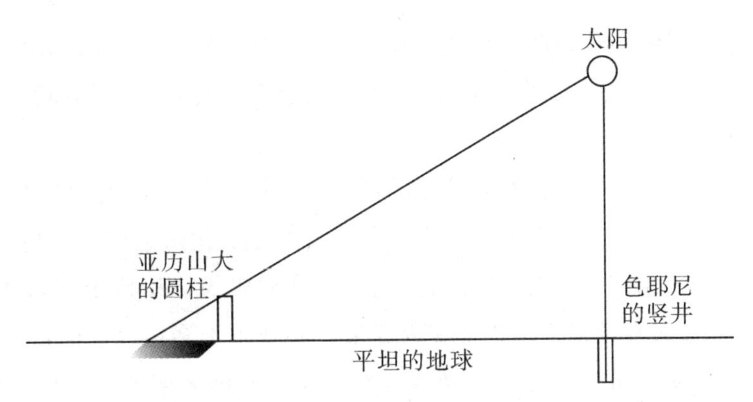

图1-2　埃拉托色尼的观察的另一解释，假设是一个平坦的地球。

零行
度走

从皮斯哈文上方的白垩高地远望，海水向远方的地平线退缩。在海水和蓝天汇聚线上，我能辨认出黑色的货船和油轮，它们正航行在航道上。在地平线的那边，是法国的德朗布尔和梅尚，更远的是埃拉托色尼的地中海世界。我站在埃拉托色尼时代的同样位置尽力去想象，当罗马、雅典和亚历山大成为金光闪闪的西方文明中心时，英国野蛮粗暴地横卧在它们绘制的地图的边缘。但是皮斯哈文和亚历山大都有一个共同点：几世纪以来，它们各自宣布本初子午线通过的地方。自从 1884 年以来，皮斯哈文就已经拥有那种特权；早在公元前的几百年，亚历山大在绘制太阳那天就有这种特权。

亚历山大国王在一场梦后建立了亚历山大市，在这个梦中，一个令人尊敬的先知给他指出了城市的地址。据说，亚历山大国王埋在亚历山大市，但他的坟墓没保留一丝痕迹。城市建在玛瑞提斯（Mareotis）湖与地中海之间的带状地区，有广场、寺庙、市场、宫殿、著名的灯塔双港、码头、仓库、重要的博物馆（地点缪斯）和著名的图书馆（超过埃拉托色尼管理过的图书馆)。博物馆和图书馆在一起，相当于一个伟大的现代大学。在亚历山大时代，第一个管理者，托勒密（Ptolemy）的梦中，图书馆拥有已知世界上每一本书的副本，在一个世纪中，成千上万卷书籍收集在其馆藏中。到公元前1世纪中叶，西西里的狄奥多罗斯（Diodorus，古希腊历史学家）能说亚历山大市是“文明世界的第一城，在优雅、宽广、豪华和奢侈方面遥遥领先于所有其余国家”。

亚历山大是一个具有希腊文化的城市，是埃及的一个异常的希腊式附属品。在全市繁华的大街上，埃及人和埃及本土文化永远处于不超过二等的地位。在公元前5世纪和前4世纪，雅典形成的知识传统带着柏拉图（Plato，古希腊哲学家、思想家和教育家）和亚里士多德（Aristotle，柏拉图的学生，亚历山大的老师，古希腊哲学家、思想家和教育家）的理念，跨越大海，在非洲北岸，在焕然一新的大都市中落地生根。这里充满一种欢迎的气氛，欢迎来自昔兰尼（Cyrene）的埃拉托色尼，来自萨摩斯（Samos）的阿利斯塔克（Aristarchus，约公元前310—约前230，古希腊第一位著名天文学家），来自西西里的阿基米德（Archimedes，古希腊哲学家、数学家和物理学家，力学之父），从罗得岛（Rhodes）来的阿波罗尼奥斯（Apollonius，希腊最重要的几何学家之一），从尼西亚（Nicaea）来的喜帕恰斯（Hipparchus，古希腊天文学家），从帕加马（Pergamon）来的盖仑（Galen，希腊解剖学家、内科医生和作家），等等。唯一的要求显然是具有求知的头脑和喜欢不以上帝为参考来解释世界。那儿，在数学、天文、地理、机械、医学发展到新的水平，即使将近两千年也不会被超过。

两个问题浮现在脑海里：是什么激励出这样一种卓有成效的想法？为什么在几个世纪以后，亚历山大帝国科学明亮的火焰消失了？

第一个问题的部分答案是城市的位置。亚历山大的位置已经很难继续成为有利于成为开发商业和经济的动力。因为它坐落在连接三个大洲的交点，并且通过运河将它与世界已知最大的河流，尼罗河连接。随着货物贸易，相应想法也在流动。凡进入亚历山大港的船只上的任何书籍都须被地方当局复印；原件送到图书馆，而复印件归还原来的所有者。此外，一种建立在贸易基础上的文化根植在科学的沃土里，这里在企业家的精神和科学家探索新想法和喜爱创新之间有一种“双赢”联系。一种多文化的想法在亚历山大适当地结合在一起。来自希腊的礼物是哲学的“抽象”。从海上商人和从埃及自身来的是对世界物质的坚定兴趣：地球、水、空气、火、抽象和实际、数学与技术。它们是金属和燧石，点燃了亚历山大天才的火花，在欧洲文艺复兴时期前，这些影响的相互结合没有重复。

亚历山大的科学有两根柱子——抽象和实际——但很快被分解。首先来自罗马，它脚踏实地地注视科技：道路、沟渠、环卫、军力和其他帝国军备。罗马人没有抽象的礼物。他们的天才是实际的，求实的。其后是基督教，它以其再生方式叠加到来世的精神世界。这些直接对立的文化力量以循环浪潮席卷过亚历山大，常常产生暴力和破坏性的后果。亚历山大科学中抽象和经验的愉快结合坠入动乱世界。

但数百年来，在这个特殊的地方，人类的想象超越当地的地平线，直至无限的空间和地球看不见的部分。埃拉托色尼不仅测量地球，还绘制了地球（见图1–3）。亚历山大是理想的地方，从世界已知各地来的旅行者中收集信息。埃拉托色尼在他的询问中似乎极为迫切。据我们所知，他是第一个用北南、东西的格子绘制已知的世界地图的人，像我们现在的子午线和平行线系统。

我们已经看到，在地图上不难确定一个地方的南北位置，只要注明地平线上的天体——例如太阳或北极星——的仰角。但天空不能提供任何线索来确定东西的位置。埃拉托色尼能做得最好的是询问水手或乘大篷车旅行者，估计他们跋涉走过的路程。他的地图从伊比利亚（Iberian）半岛的西部到印度东部。子午线绘在有特色的地域：直布罗陀（Gibraltar）海峡、迦太基（Carthage）、红海口岸、波斯湾和印度河。地图上最准确的是在亚历山大附近地区；由于英国和印度如此之遥远，所以只大略标出。如果在埃拉托色尼地图上有本初子午线，就是在他的地图中心附近的垂直线，经过亚历山大市，沿尼罗河南下，至色耶尼。亚历山大的子午线对埃拉托色尼有如巴黎的子午线对德朗布尔和梅尚一样。

亚历山大的天文学家喜帕恰斯（Hipparchus）出生时正好埃拉托色尼去世，他声称自己对前辈的地图深感失望。他写了一本愤怒的小册子《反对埃拉托色尼》（*Against Eratosthenes*），认为早期的地理学家只是匆匆将表现地理格子作为任务。喜帕恰斯坚持：像天文学家在天空所做那样，子午线

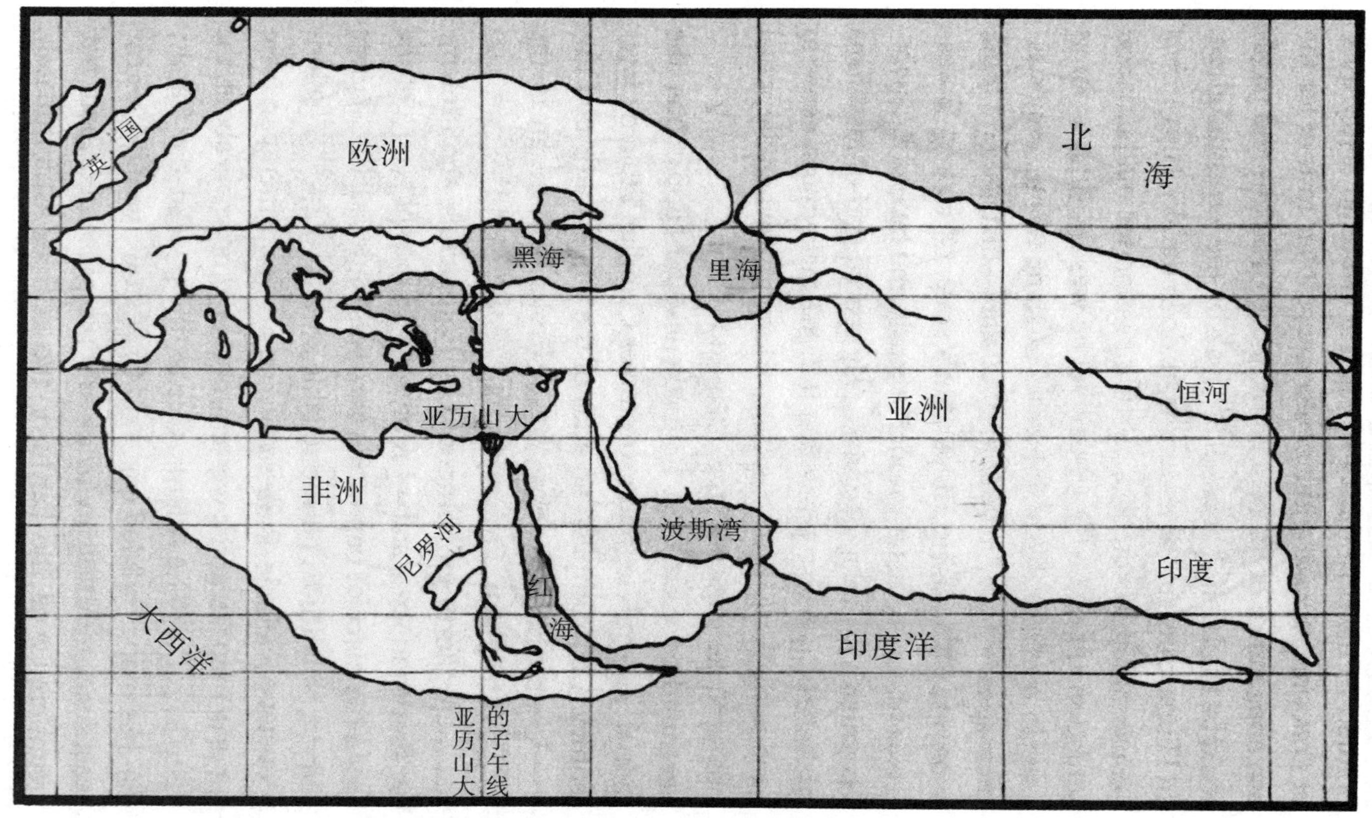

图1-3　现代名称命名的喜帕恰斯世界地图的理想版本。

和平行线在地球陆地应保持相等的间距。喜帕恰斯是完美的理论家，热衷于以数学方法表示现实。例如，据我们所知，他是第一个量化星球的亮度的人。当今天的天文学家讲星球量级一、二、三等级时，他们正是采用喜帕恰斯的刻度。当然，埃拉托色尼也没有因数学放松自己，他已经明确地认识到子午线和平行保持相同间隔的价值，但他也知道：在实际位置尚不能确切知道前，精确数学的经度系统没有什么意义。

在喜帕恰斯和埃拉托色尼之后的 300 年，亚历山大的天文学家、地理学家克劳迪斯·托勒密（Claudius Ptolemy，公元 2 世纪）编纂的世界地图集，直到始于 16 世纪的欧洲探索时代都是无与伦比的。托勒密的世界地图（图1-4）采用喜帕恰斯提出的均一网格，而托勒密第一个尝试在一张纸上表示球形的地球。他的地图上对纬度的精确表示令人印象深刻。但是还没有可靠方法准确测得经度。托勒密将本初子午线（经度 0 度）定位于他所知道的最西边的土地，在大西洋群岛的幸运岛（现今加纳利〈Canary〉群岛）。他的地图向东延伸至我们现在称做的东南亚，托勒密相信，这代表了地球圆周的一半左右，或 180 度。不幸的是，托勒密严重低估了地球的尺寸。他把直径定为 18 000 英里（28 968 千米），而不是埃拉托色尼确定的更精确的 25 000 英里（40 233 千米）。或许我应说“幸好”。因为正是托勒密地图的影响，后来激励哥伦布乘帆船向西航行到达印度群岛。追随托勒密，哥伦布有理由相信：从西面去亚洲不会比从东面去更远。当他再次碰到美洲时，他相信他已经达到他的目标。如果这位热那亚（Genoese）的航海家已经意识到地球的实际规模，他可能已经不太愿意亲自登陆到荒野和忧郁的深处。

克劳迪斯·托勒密是亚历山大时代最后一位有影响的天文学家和地理学家。破坏性力量在地中海世界蓄积。种族和宗教冲突俯拾皆是。教条战胜宽容。神学的思维压倒科学的调查。现在对假设的奇迹的兴趣比对亚历山大科学关注的安排好的、天空上的事件还要多。在公元前 1 世纪罗马征服埃及和公元 7 世纪的穆斯林征战之间的某些时候，大概在几次对艺术的破坏中，大图书馆化为乌有，世界最大的知识储存仓库毁于信仰狂热的激情者。当欧洲在文艺复兴时重新发现托勒密的地图时，本初子午线还是通过幸运岛。

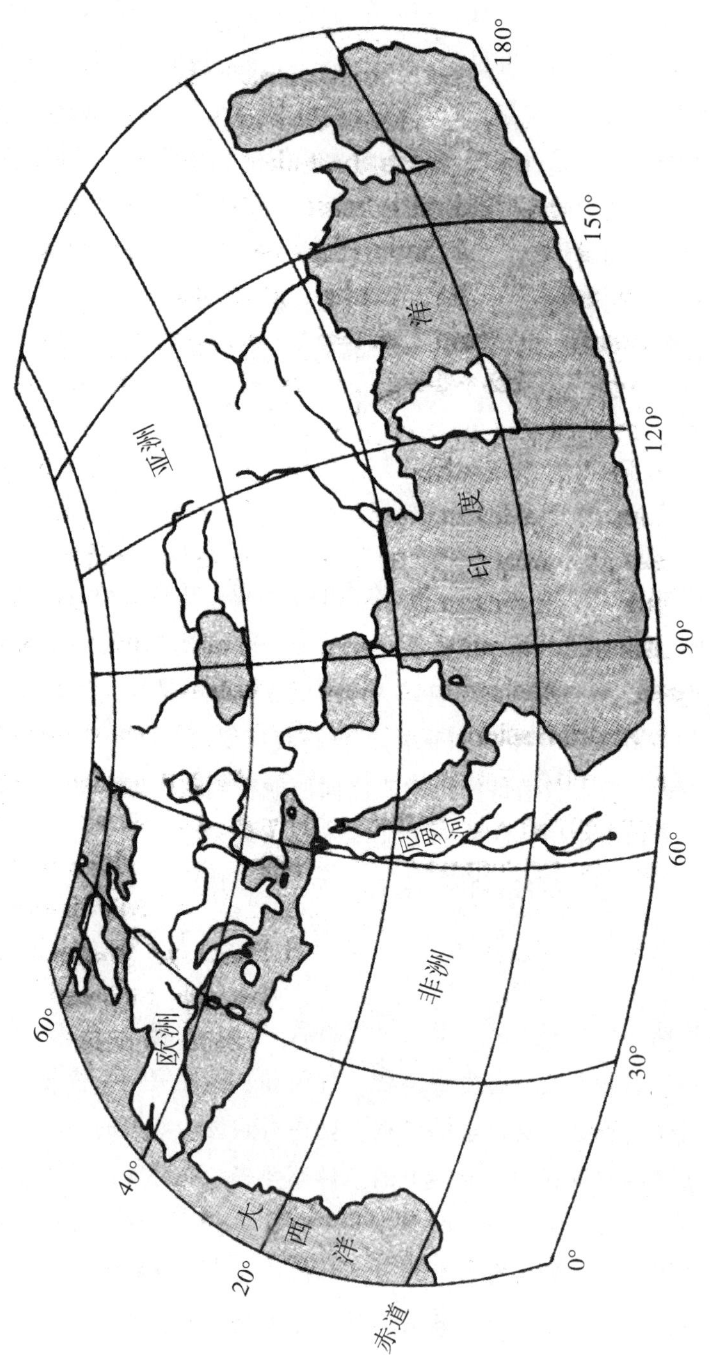

图1-4 用现代名称命名的克劳迪斯·托勒密世界地图的理想版本。

托勒密的世界地图描绘了他假定的地球表面的大约三分之一。从幸运岛的经度 0 度到经度 180 度的东南亚某处，从赤道以南 15 度到赤道以北 65 度。因此，他知道，世界上大部分超出他的视野，这种知识在欧洲文艺复兴时期恢复，鼓舞着水手开始进入地图的空白地区的探索旅程。这是亚历山大发明的科学方法的威力，它迫使我们注视超越已经熟悉的事物。

我们每一个人的生活或多或少进入了“地图的空白”的旅程。在我们生活的第一年，不可避免、无意识地，我们开始这个旅程，从一个直接感觉的自我世界进入一个超越直接感知的空间，进入一个我们未曾经历的世界和进入一个可能不了解的未来。我们没有留下智力发展初期阶段的记忆，所以，我无法告诉你，我是怎样第一次开始知道这世界所容纳远比这个地方和这片刻发生的要多得多的。早期智力开发多少是普遍的，即，多少是来自本能而不是后天教育，这是儿童心理学家、人类学家、语言学家热烈争论的题目。我自己的观点受资深的瑞士儿童心理学家吉恩·皮亚杰（Jean Piaget）所影响，他在 20 世纪中期出版了一批有影响的儿童读物，主要是关于儿童内心世界。

当我作为一个年轻的大学教授，并对科学史颇感兴趣时，读到了这些书籍。使我吃惊的是皮亚杰准确地研究了幼儿智力开发，相应于早期科学史。在这两种情况下，都是从自我中心主义转到相对非中心的时间和空间。在这两种情况下，对世界最早的理解是万物有灵论（万物都是有生命的）和万物人造论（万物源于意识作用）。当一个孩子在太阳的蜡笔画上添上快乐的面孔时，不仅仅是隐喻，至少起初并不如此；幼童真实地想象太阳在某种意义上是活着的（“当我散步时，太阳跟着我”）。同样，问一个孩子，为什么太阳在天空？答案将有几种，其中之一是“将太阳放上去是为了我”。人类学家已经告诉我们，在地球上的所有人类，最初的想法是万物有灵和万物人造，即使在科学的时代，万物有灵和万物人造思想的残留依然大量存在。儿童智力发展和科学史平行发展对皮亚杰（将生物学作为其终生职业的科学家）没起作用。

根据皮亚杰的理论，幼儿不容易将对一种事物的思维与事情本身分开。对一个孩子而言，有一种瞬时和自发的倾向，把内在世界和外部世界，也就是把心理世界和物质世界混淆起来。只有随时间的推移，孩子才独立地认识外部现实：太阳、月亮、大风、云彩、树木、星星。随着逐渐成熟，孩子认识到空间和时间是独立于自己的知觉世界。皮亚杰认为，这些发展阶段是普遍的和天生的，必须允许孩子以自己的步伐构建现实。皮亚杰认为：远离万物有灵论和万物人造论的科技进步是孩子智力发展的合理延伸。万物有灵论和万物人造论把我们自己推到一个独立存在的世界。外部的客观现实，尽管明知有瑕疵，但确实是试金石，它可测量个人和文化的成熟。

近来某些学者开始有一种流行的想法，认为孩子对世界的最早理解——把世界理解为可能万物有灵和万物人造——与科学描述的世界相比，没有那么多不合理。皮亚杰讲的“发展”实质上是对儿童进行的一种洗脑，使儿童进入成年的世界观。这些学者可能同样强调，一切形式的成人认识的文化形式等价；一个石器时代的新几内亚人的宇宙论，有效地表示了一个现实，这点并非劣于现代科学。没有不依赖于学者的世界知识，现代相对论者坚持这样认为，把所谓的西方科学奉为神圣的知识没有比其他任何一种知识提出更多客观性的见解。

这种相对论并不反对我已经讲过的亚历山大科学的故事。也没人询问在公元前的几个世纪中，亚历山大发生这些事情的文化条件。我们已经看到理论上的抽象化和实际的经验主义是如何幸运地完美结合，并产生新的认知方法和新的世界知识。然而，这需要一个故意作对的附件与相对论连接，来否认由埃拉托色尼、托勒密和其他同行构思的世界。毕竟我们已经从空间看到并拍摄到地球的球形照片。我们发射宇宙飞船围绕太阳旋转，收到行星表面的雷达反射波。我们已经证实和精炼了亚历山大对宇宙的猜测。没有一个科学家能证明一个物质世界存在于“别处”，那不依赖于我们对它的认识，我们也不能证明科学能用一个更加客观的方法去了解世界。但是没有客观性的假设就没有追求科学的动机。没有客观的假设，埃拉托色尼用来测量地球的几何图就有如儿童添加在太阳图画上的笑脸，没有什么意义了。再看一下这张图（图1-1）。很清楚，在标志（圆圈）和被象征东西（地球）之间存在着区别，埃拉托色尼清楚地意识到其间的区别。但他相信，他的图客观地联系真实，基于他地图的数学演绎，像他已知世界的地图一样，添加到人类可靠知识的储存仓中。

吉恩·皮亚杰（Jean Piaget）是神童，自幼对科学深感兴趣。在 10 岁时，他首次撰写并发表学术论文，简短说明他看见的一只白化体麻雀。他通过对日内瓦湖中软体动物的研究，锻炼了自己的观测能力，并获得动物学博士学位。最后他转向了对孩子内心世界的研究，在世界可靠知识的科学探索中得到了更深的理解。对那些想象太阳对他微笑，并跟他走的孩子们，这无疑是一个安慰。需要相当多的勇气去接受：太阳比地球大得多，一个火球，没有生物和无关紧要。今天，我们用卫星望远镜学研究的太阳与那些埃及的人样太阳神或希腊的太阳神，大不相同，这些神每天驾着金黄战车划破长空。并非所有知识相连。有的知识比其他的更可靠。接受这种可能性称为成长。

第2章

空间中的地球

站在从皮斯哈文向北通往南唐斯（South Downs）的小道上，回头可远望到英吉利海峡壮观的风景。我起程的那天，天空晴朗，万里无云。然而，在我的路径上，没有一处能看见法国的海岸。欧洲大陆被隐藏在地球曲面的背后。从我站立的白垩高地上的高处，可看到这个海峡中灰色海水好像永远延伸，由此，我对过去的男人和女人的勇气感到惊讶，他们敢于驾着小船出海，去看大海地平线以外的那片无垠的天地。

十月的一天，太阳在南方的高处，亏月在西方天空中落得很低。我伸开手臂先后面对南方和西方，测量太阳和月亮相对于我小拇指的表观尺寸：在天空，这两个天体的大小似乎相同，在手臂伸直时大约是手指宽度的一半。根据现代天文学家的见解，太阳和月亮的表观直径的相等纯属巧合，是宇宙的一次意外。太阳和地球的距离是月亮和地球的距离的400倍，而太阳的宽度也是月亮的400倍。然而，这巧合的后果是：相对于太阳，如果月亮离我们更远，那么我们将没有日全食，因为在天空里，月亮的距离越远，尺寸越小，也就不能完全盖住太阳；如果月亮离我们更近，那么，它的表观尺寸越大，日食就不罕见了。

亚历山大的天文学家们假设月亮比太阳离地球更近，而且月亮是被太阳光照亮，因为这样可以典雅而简明地解释日食、月食和月亮相变。亚历山大的天文学家们的解释在今天依然被认为是正确的。但是太阳和月亮相距多远？而且与地球相比，它们的实际尺寸是多少？永远富有创意的亚历山大的天文学家们也解答了这些问题，特别是约公元前310—前230年萨摩斯的阿利斯塔克（Aristarchus of Samos）。

我在伦敦的帝国学院学习科学史的那年，偶然发现托马斯·希思爵士（Sir Thomas Heath）翻译的阿利斯塔克的《关于太阳和月亮的大小和距离的论文》（*Treatise on the Sizes and Distances of the Sun and the Moon*）。这是一个令人大开眼界的绝技。在我头脑中，这是我们自古代世界发现中最引人瞩目的科学业绩。该书完美地阐明了在公元前3世纪，在亚历山大发明的科学方法的力量，后来我使阿利斯塔克的关于"宇宙建造"这部小书作为我的教学的中心内容。这部书本身不易读懂，因为书中以希腊数学的语言表述，并加入了很多复杂的几何图。当我指导学生时，做一些简化是必需的，但是阿利斯塔克在他书中描述的内容并未超过任何现在高中生的理解能力。

但在那个时代，阿利斯塔克的发现是很超前的，甚至过去了17个世纪多，还有很多人准备接受他的宇宙论观点。他的书竟然幸存，这似乎是奇迹。当然，他自己那个时代的书现在一本也没有了；最早的现存文本手稿是10世纪的。据推测，该书大概经常通过抄写员的抄写和再抄写的过程传给我们，而抄写员他们自己并没有充分理解抄写的内容或并没有掌握它的重要性。

例如，该书中第十五条命题，是阿利斯塔克引用他先前称为公理和证明了的定理：**太阳和地球的直径比大于19比3，但小于43比6**。或简单认为太阳的直径是地球的6~7倍。我努力地想象阿利斯塔克的同时代的人们是如何作出这一结论的。我站在英格兰南唐斯的山脊上。向北方遥望，威尔德山谷向前延伸到遥远的北唐斯。向南方遥望，大海好像连接到无限的远方。我已经走了整整一个上午，还能看见出发点，布莱顿在白垩海岸延伸。为了这次旅行，我已飞越了数千英里的海洋，徒步穿越地球表面的这一小部分。我看到在天空中球形的太阳。我能用伸直的手臂上的小指尖的顶端盖住太阳。然而，阿利斯塔克还告诉我们：就这小小的炽热圆盘比地球大6~7倍！或给他这个结论精确的表示：如果用葡萄代表地球，那么，太阳就是甜瓜。放下你正在读的书，走在外面并且看这个在你身边延伸的地球和天空中的太阳，并且努力想象后者比前者大6倍或者7倍。这一个结论如此违背直觉和常理，以至于人们也理解：为什么人们需要这么长时间来接受它。

阿利斯塔克出生于公元前 310 年的爱琴（Aegean）海沿岸的萨摩斯（Samos）岛，该岛现在归属于土耳其。像在其他与他同时代的许多好奇和受过良好教育的人一样，他辗转到达亚历山大。我们从其他资源中知道，他写过有关视界、光、颜色的文章，但这些作品没有幸存下来。我们有他专门论述太阳和月亮的大小和距离的论文。但没有太多其他介绍他的文章，所以，我们有足够的幻想空间。

我喜欢想象阿利斯塔克在有列柱的亚历山大式的庭院中，与他的同事和学生滔滔不绝地讲演，分享他天文研究的结果。他在一只手的大拇指和食指之间夹着一粒葡萄——“请想象，这葡萄是地球。”他说。在他另一只手的手掌上托着一个甜瓜：“这是太阳。”他的倾听者努力理解埃拉托色尼告诉他们的地球大概尺寸：整个已知世界，从欧洲的大西洋海岸和北非进入印度，这仅仅是地球表面的一小部分。现在阿利斯塔克正告诉他们，整个地球与太阳相比微不足道。

“拿住这个。”他说，并且把这粒葡萄递给他的一个听众。然后他将握有甜瓜的伸直手掌缩回。“告诉我，”他说，“何时甜瓜与在天空里的太阳有相同的表观尺寸（即，一只伸开的臂上的小指宽度的一半）。”当那个伸开手臂的人说“停止”时，阿利斯塔克已径直穿过院子。阿利斯塔克保持沉默，让他的暗示进一步被理解。对他的听众来说，宇宙已经突然变得几乎想象不到的大。

阿利斯塔克是如何做的？他怎样推断太阳相对于地球的大小？首先，**当月亮正好出现在白昼的天空的一半的时刻**，他将地球、月亮和太阳设定为一个三角形的三个顶点（见图2-1）。月亮的角度一定是直角。阿利斯塔克这样论述：当月亮正好在中间时，从地球看见月亮的一半脸，这是被太阳照亮的。他使用某种仪器在地球上测量太阳和月亮之间的夹角，发现是大约 87 度。你能亲自试试它；下次你看见月亮正好在白昼的天空的中间时，伸开你的手臂，一只指向月亮，而另一只指向太阳；你将看见你的双臂之间大约成一个直角。当然，你将不能精确测量其角度；说实话，你需要的是像阿利斯塔克使用过的角度测量仪器。即使阿利斯塔克为了得到正确数据也要一场艰苦奋斗。他证明的其他部分，你也能自己做。用一个量角器，画一个直角三角形，另一个顶角是一个 87 度，并分别标上地球、月亮和太阳，另一个锐角（在太阳的那个）必然是 3 度。（任何一个三角形的三个内角的和是 180 度）。你画的图会像图2-2，但三角形将更长更瘦。现在测量这条边长。你可以看到太阳与地球间的边长是月亮与地球间的边长的 19 倍。不管你画的三角形大小如何，所有这些三角形都是相似的，对应边长的比例是一样的。当然，你在纸上画的三角形相似于宇宙尺度的三角形，它们的顶点实际上是地球、月亮和太阳。因此，太阳与地球间的距离一定是月亮与地球间的距离的 19 倍。

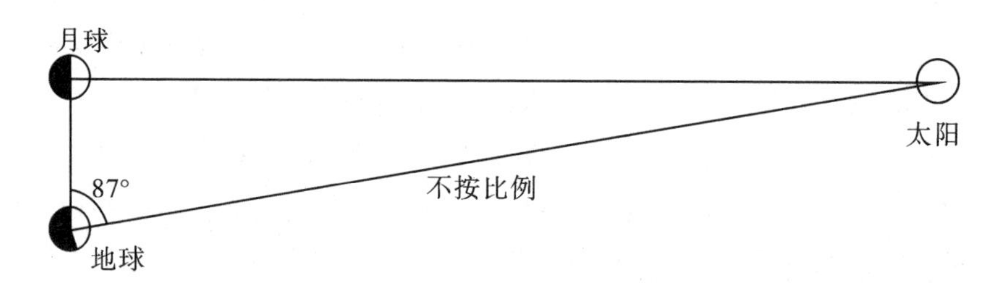

图 2-1　阿利斯塔克理解的当月亮正好半满月时，从地球上看到的地球、月亮和太阳的位置。不按比例。

因为你伸直手臂，测得在天空中太阳和月亮的尺寸，似乎都是你的小指宽度一半，所以太阳一定比月亮大 19 倍。（你可能回忆起，我早期说太阳和地球的距离是月亮的 400 倍长和 400 倍宽。在片刻中，我们马上会想起这明显的矛盾。）

现在你必须承认：基于一个如此简单的观察（87 度的角），采用一条希腊几何学（相似三角形的定律）的定理，使用一个量角器和直尺，在纸上描描，就得到一个相当惊人的结论。你已经开始瞥见亚历山大人发明的新思维方法的威力。

但是太阳和月亮的距离是多远？埃拉托色尼（Eratosthenes）已经测量过令人惊讶的尺寸，与地球比较，它们的体积有多大？一片眼花缭乱的创造性思考之后又将是什么？为了重新整理这些，必须更好地理解亚历山大人的科学方法论的力量和成就。

首先，阿利斯塔克注意到，在天空，太阳和月亮都有一个相对的角度，大约半度（在手臂长度上手指宽度的一半）。这表明：它们之间的距离长度是手指宽度的 115 倍。你可以试试。测量你小指宽度的一半和目测你指尖与伸直手臂的距离，得到宽度和长度的比率。你得到的数应该接近于 115。

然后，阿利斯塔克观察一次月全食，一个正常的天文事件。像他的同事一样，他相信月亮因太阳反射光而发亮，在月食时，月亮进入地球的影子时，它变黑了（见图 2-2）。他用沙漏计算月食时间，而且观察到月亮保持黑暗的时间是它进入和走出阴影时间的两倍。这表明月亮在这个距离时，地球的影子必须是月亮宽度的两倍。从他的更早期的观察和计算，他知道太阳和月亮的距离和尺寸的比率（19），相对于太阳和月亮的本身尺寸和它们与地球的距离的比率（115）。其余是几何学或者三角学，你更喜欢哪个；亚历山大人在这两个方面都很擅长。他计算了相对于地球的大小，太阳和月亮的大小和距离。同样，你能自己动手，不过你看到的图 2-2 会确实更长和更瘦，更像是一根针而不太像巫婆的帽子。拿一卷足够长的纸，以便地球、月亮和太阳有一个合理的尺寸，我在教室里使用一卷纸并且延伸到教室地板以外，画出一个比率更高的三角形（记住，在这时，地球影子是月亮宽度的两倍），并且你将和阿利斯塔克一起看见，与地球相比，宇宙突然变得非常大。

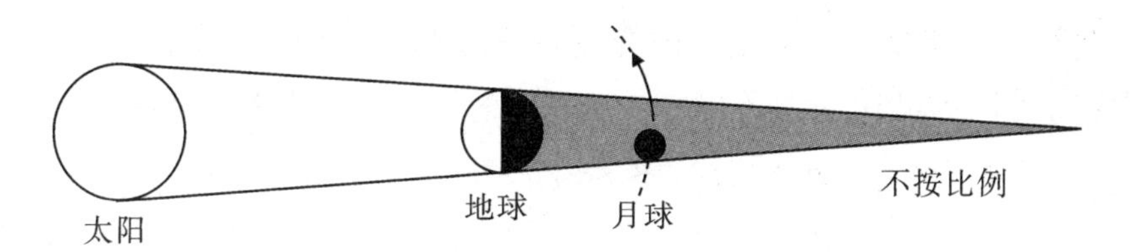

图 2-2　在月食期间，阿利斯塔克理解的地球、月亮和太阳。
注意地球在月亮上的影子是月亮宽度的两倍。
不按比例。

自从埃拉托色尼已经以体育场尺寸来测量地球的大小，阿利斯塔克现在知道太阳和月亮的以*体育场尺寸*来表示的尺寸和距离。成绩斐然！

当然，阿利斯塔克不是考虑这些事情的第一个人，并且很难确定他的《关于太阳和月亮的大小和距离的论文》（*Treatise on the Sizes and Distances of the Sun and Moon*）中有多少是原创的。但是，因为我们没有理由相信别的，所以，我们应该相信他的优先权。无论下一步怎样，几乎肯定阿利斯塔克是最先的。对这来说，我们有他的更年轻的同时代人，阿基米德（Archimedes）的证明。我将描述的任何人在阿利斯塔克的书里都没提及，我们依赖其他人的片断证词。

像那个时代的其他人一样，亚历山大的天文学家们相信太阳环绕稳定的地球循环，地球稳定地处于宇宙的中心。但是，如果太阳是更大的物体，在阿利斯塔克的论述中，用葡萄对甜瓜比喻太阳大得多，他为什么不想象更小的地球每年环绕更大的太阳中心旋转，这优于其他方法！因此，阿利斯塔克或许是全人类中第一个确定：地球在运动中。

他的同事们毫不犹豫地对这个基本的想法提出强烈的异议。首先，远古传统的力量：“每个人知道地球在宇宙的中心。”其次，我们没有太空飞行感觉。并且最后，如果地球围绕太阳圆周移动，太阳位于宇宙的中心，这样在宇宙最外层的星体在一年中的相对的位置好像改变，因为我们从不同的位置看它们，一种效应称为视差（见图 2-3）。但是，星体的相对的位置是相当恒定的，正像在天空中的一个固定位置看它们。阿利斯塔克的地球移动假说不仅违背传统，是简单的轻信，而且也有违实际观察。

阿利斯塔克通过观察，排除异议。他说，如果在宇宙中的星体的光圈远远大于地球围绕太阳旋转的轨道，则星体内相对位置对于另一个相对系统（地球）将不一定能感到明显的变化。宇宙如此之大，所以他敢假定，如果将地球环绕太阳为中心的旋转轨道作为整体，那么在几乎不可思议的巨大的星群球体中，它只是一个点。

不仅如此，那些星体如此之远，它们自身（那些冷光点）就是另外的太阳，通过距离减少其亮度和表观尺寸。如果它们自己是遥远距离的其他

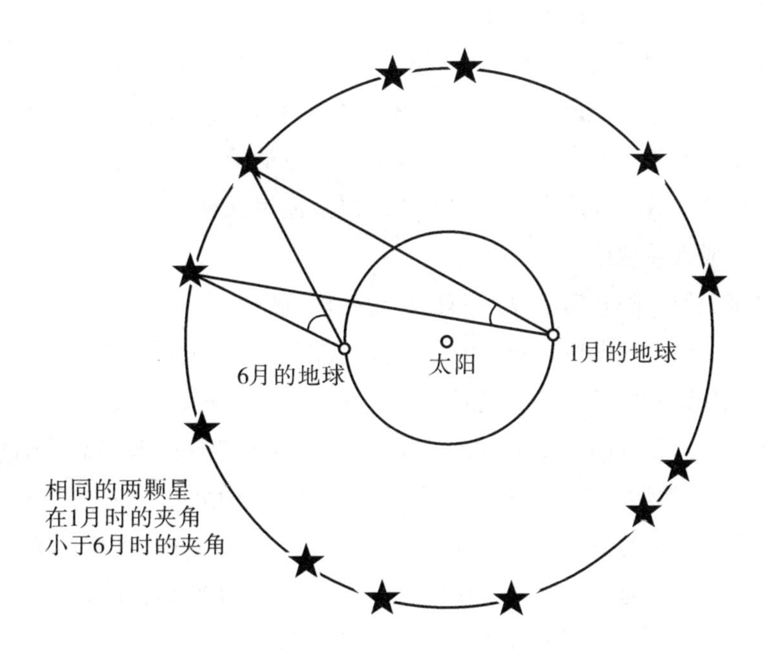

图 2-3　一个视差的例子。注意：随地球绕太阳旋转时，两颗星星间的表观夹角发生变化。

发光星体，为何我们要假设它们每天围绕稳定的地球旋转，从东方升起，在西方落下？让地球在自己的地轴上每天旋转，并且以更简单、更经济的方法保存其外观。

因此，阿利斯塔克确定地球的双重运动：围绕太阳的年度运动和围绕自己轴心的每日旋转。所有这些，在随意尺寸的宇宙里，和地球上的男人和女人没有明显的关系。宇宙蛋粉碎了；地球被送到一个巨大的空虚中旋转；神被移动到远离星体的不可想象的远方。星星或许是其他世界的太阳。宇宙可能是无限的！很难想象数学推导有更惊人的含义。记住，只要我们有智慧和才华去考虑这些，就没有什么你我不能做的。

阿利斯塔克时代的其他天文学家无疑知道他的大胆提议，但是我们没有证据确认他们中任何人准备赞同这位革命的思想家。阿利斯塔克测定太阳和月亮的尺寸和距离是一件可能正确的事情，但是把地球放在一种双重运动中，并把星星移到不可想象的距离的这种假设，仅仅是一种信仰的勇敢行为。哲学家克莱安塞（Cleanthes，古希腊斯多亚主义哲学家）认为，阿利斯塔克应该被指控不虔诚；想象这样一个宽敞的宇宙本身就是对神明的侮辱，更不用说对我们自己坚信的、由神指定的地球中心论。

不幸的是，历史记录这么少，我们对阿利斯塔克和他想法的起源知之甚少。哪种人能让他自己关注以前没有人想过的地方？他没发明我们现在称之为科学的数学方法和经验的猜想，但是他用这种方法得到了合理的结论，即使成为异教徒。

事实表明，阿利斯塔克的两次决定性的观察并不精确。他在尚未确认是否掌握所用的仪器时，测得的太阳和半满的月亮之间的夹角是 87 度，的确很难说什么时候月亮是半满月，并且在当时更难测量到太阳和月亮之间的精确角度。正确的角度是 89. 86 度。（你将很难用你的量角器去画这个三角形。）事实表明，太阳与地球的距离不是比月亮的远 19 倍；实际上远 400 倍。阿利斯塔克也高估了太阳和月亮在天空的表观尺寸，这些影响他的计算。太阳直径不是比地球的大 6 倍或者 7 倍；是大 100 倍！**100 万个地球可以放进太阳球体！**阿利斯塔克的推论无可挑剔，他的数学天衣无缝。或许正是他的角度测量数据不精确；如果他已发现太阳和月亮的真实尺寸和距离，他在宇宙深渊面前可能踌躇不前了。

零行
度走

1633 年 6 月 22 日，伽利略被罗马天主教会的法庭指责为讲授地球不是宇宙的物质中心，而且地球围绕太阳旋转，如同几乎 2 000 年前阿利斯塔克的提议。伽利略自己被波兰天文学家尼古拉·哥白尼说服而确信阿利斯塔克的理念是正确的，哥白尼表明：以太阳为宇宙中心的观点提供了一种相当典雅的方法，以数学方法计算星球的运动。在他双膝跪在教堂红衣主教面前时，70 岁的伽利略放弃了他对地球运动的信仰，并且放弃了终生的工作。这样做，他逃避了拷问，甚至避免绑在火刑柱上被处死，而轻判为在佛罗伦萨软禁。一个旧故事说，宣读了正式认错书，伽利略在喘气中低声耳语："Eppur si muove"（终究过去了）。无论他是否实际上说了传说的那句话并不重要，他肯定已经那样想过。他返回佛罗伦萨，虽然身体虚弱和双目失明，但他继续他的物理实验。地球继续围绕太阳旋转。

怎么会弄到如此悲惨的境地？而这位在他那个时代是最伟大的科学家，并且在所有时代中也是最伟大的当中的一个，竟被迫跪倒在传教士面前，并否认他的信仰是真实的？当然，伽利略害怕是有原因的。仅仅在其 33 年前，在 1600 年 2 月，乔达诺 · 布鲁诺在罗马的菲奥里（Campo de′ Fiori）(花地)，被绑在火刑柱上烧死，其原因是在异教中传授：太阳只是宇宙中无限多的恒星中的一颗，宇宙中有许多个中心。布鲁诺在阿利斯塔克、哥白尼或者伽利略的模式中不是一位科学家。他是一位梦想家，他让科学探索的真理传输到他的梦中。他的无数个可能居住的世界的观点并不基于任何经验论据，仅是一种遵守哥白尼宇宙学的直觉：如果地球不是宇宙的中心，为什么专选太阳？为什么不将其他远离地球的、在夜空发光的星星作为另一个太阳，以及其他行星的运动中心？或许阿利斯塔克已经这样想过。

乔达诺 · 布鲁诺在 1548 年出生于那不勒斯（Naples）王国，仅仅在哥白尼去世之后的几年。在 24 岁的时候，虽然他那好奇的和不受拘束的头脑已经被他的教师所否定，但还是被任命为一名多米尼加（Dominican）神父。在几年的任期内，他被指控为异教，这是多次指控中的第一次。恰好这异教的想法对布鲁诺无所谓；他声称自己（也包含他人）有权利像哲学家那样去做梦去思考，突破权势和传统。诗人、哲学家和散漫的大炮（嘴巴不把门）的布鲁诺走遍欧洲——意大利、日内瓦、法国、英国、德国——无论他去哪里，就会为琐事而激动，冒犯天主教徒和新教徒，宣传偏见，沾沾自喜，询问哲学家和店主好像从中得到乐趣。他说，宇宙和上帝可能比我们想象的更大。他在很多方面具有现代人的品质：唯物主义者，理性主义者，追求自由，好奇多问。他相信：宇宙是统一的，在物质和精神、身心之间没有产生区别。他充满活力，并且像第谷 · 布拉赫（Tycho Brahe）、约翰尼斯 · 开普勒（Johannes Kepler）和哥白尼的其他天文学继任人揭示宇宙那样，他也被奉为宇宙权威，并为此而高兴无比。

在布鲁诺被处死的 10 年内，伽利略把世界无限的梦作为主题。帕多瓦(Padua）大学将数学的空椅子提供给佛罗伦萨的伽利略。在 1610 年的冬天，伽利略将世界第一部天文望远镜转向夜空，并且观察永远变幻的世界：在月亮上的山脉、在太阳上的黑点、木星的卫星、金星的相位，以及无数的小星星，它们超越人类视觉的范围，闪闪发光。他在一本名为《星光照耀的信使》（*The Starry Messenger*）的小册子中，把这些发现传遍世界，他像布鲁诺一样声称，宇宙可能是无限的，并且包含无数的星星。伽利略肯定知道那位激进的哲学家和他的不幸命运，为谨慎起见，他没有提及布鲁诺。

布鲁诺被烧死在罗马的花地。当我参观这里时，这里是繁忙的商业广场。一个忧郁的和有点不吉祥的哲学家雕像站在广场的一个基架上，这是在意大利统一、直接从教皇的统治中解放这座城市时，19 世纪的世俗人道主义者竖立起来的。虽然雕像好像黑糊糊的并且很可怕，而且超出我曾想象的布鲁诺的样子，但他站在丰富多彩的货摊间，货摊上充满水果、蔬菜和鲜花，至少像是一个人在狂热地庆祝创造之美。

零行度走

在 20 世纪 60 年代后期，我作为科学教师开始了早期的职业生涯，我前往欧洲去探访我在科学史书籍上读过的那些科学家们常去的那些地方。我不仅想要参观科学圣殿；我还想深入了解他们的思想，不仅仅是阅读间接的知识。在伦敦帝国学院的一年间，我师从于著名的科学史家，玛丽·博亚斯·霍尔（Marie Boas Hall）和鲁珀特·霍尔（A. Rupert Hall），主攻科学史。在 1968—1969 年期间，我还利用部分时间，将四大天文学家中各自的研究理论应用到火星的运动上。我选择火星，是因为四位天文学家各自已经充分精心地研究了这个星球，而且他们的工作与我所选择研究的内容一致，他们是克劳迪斯·托勒密、尼古拉·哥白尼、第谷·布拉赫和约翰尼斯·开普勒。此外，因为火星是一颗靠近地球的行星，它有助于天文学家以简洁绘图来应用到各自的理论中，并且我总是喜欢使用罗盘、量角器和直尺。

就在那一年，我第一步是要得到火星在黄道带的位置。（黄道带是围绕球型天体旋转的星星的群带，它包含太阳、月亮和行星的运动。）我的四位天文学家，他们在发展和应用他们的理论过程中，依靠他们自己对天体位置的观察，或他们的前辈对天体位置的观察。从亚历山大的天文学家的时代起，天体的位置已经按经度度数从“白羊座的第一个点”进行了测量，这个点就是春分点，这是太阳在春天的第一天跨过天空（和地球）的赤道时在天空里的位置。我没有机会或仪器让我自己充分地观察火星的经度，因此我采用公开出版的历书上的行星的数据。不过，我确实用一个便宜的、手提式的塑料六分仪测量过火星的经度。但是，这仅为了得到如何测量的一种感觉。

图2-4显示从1968年3月6日到1969年12月17日，以50天为间隔，火星在地球的天空中显示的位置记录。早在1968年，火星离春分（和离太阳）不远，并像往常一样移动，以星星为背景向东运动（正像我们在北半球看赤道的上空，东方是它的左侧）。它继续相当稳定地全年向东移动，此间，恰好围绕天空的半圈。同时太阳追上了这颗行星，并在速度竞赛中领先。然后，在1969年前几个月，在太阳空间的对面部分，火星向东减速运动，以后的几个月里，火星向后运动，在天空**垂直翻转**地运动，远古和现代的天文学家称之为逆行。火星再次迅速加速。在这所有一切中，这颗行星的亮度在变化，当它在逆行和在太阳对面（在天空的对面）时，变得最明亮。

其他行星也有这种古怪的习性，即依靠固定星星的背景，改变亮度和运动方向。

怎样解释这颗行星的行为？希腊天文学家，特别是亚历山大人——喜帕恰斯、欧多克斯（Eudoxus，*古希腊天文学家和数学家*）和克劳迪斯·托勒密……努力奋斗去寻找一种数学方法来描述行星的运动。像所有希腊人一样，他们迷恋于循环的完美。那么，为什么创造者不将行星统一放置于以地球为中心的圆周上？他们必须想到：如果行星稳定穿过天空，没有加速和减速，没有垂直翻转的运动，并且没有改变亮度，宇宙将是多么优雅。为什么宇宙不是一个相互套叠同心圆形的优雅的安排，像俄罗斯玩偶一样，每个球体包含一个天体，全部都统一围绕地球中心旋转？所有这些在天空中垂直翻转的运动，创造者可能一直在考虑为什么呢？

亚历山大的天文学家们由于受审美口味和他们的数学工具的限制，一直坚信均匀回转圈。除阿利斯塔克之外，他们还坚信地球**中心**论。所以，

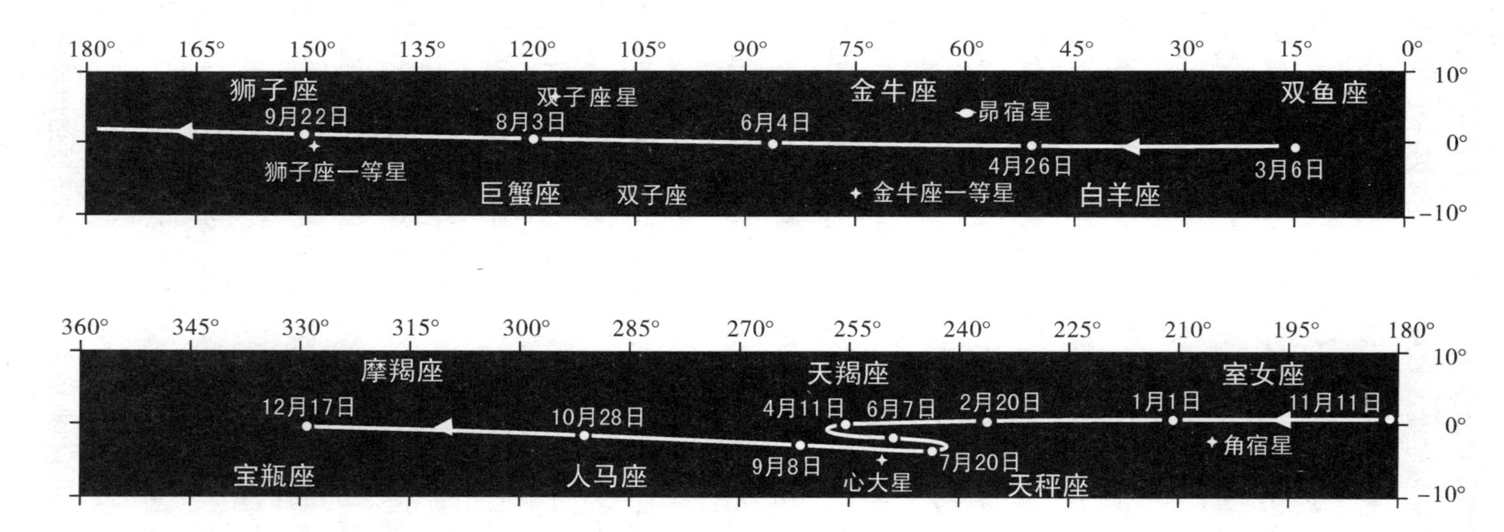

图2-4 1968—1969年火星沿着黄道带的表观运动，以50天为间隔。太阳（未显出）在这个间隔两端是天空的同一部分，在天空相对的那部分中，火星作绕环运动。

他们想办法寻找那些星球的均匀回转圈和在天空看见的行星运动路线相结合。为此目的，他们发明了三个有用的装置。

第一个和最重要的是本轮。行星按均匀回转圈（即本轮运动），这个圈的中心固定在一个更大的均匀回转圈（不同的圈）的边缘，该圈的中心就是地球。通过选择合适的旋转速率，这种装置几乎给星球一个垂直翻转运动，并通过星球到地球距离的改变，改变其亮度。

但是理论和观察配合仍然不完美。因此，亚历山大的天文学家们发现给行星以不同的中心（称为偏心）是有帮助的，该点不等同于地球，并让这些不同运动相对于另一个点变成均匀，该点为等分点，它更远离地球，沿同一直线予以等量补偿。所有这些——圆心轨迹和周转圈的尺寸、旋转速率、偏心和等分点的距离和方向都被调整，直到这种奇怪的数学仪器测出，“保留其外观”的位置；即，这位置与在天空里观察到的行星的位置相匹配。

将这一切带到一个完美状态的人是克劳迪斯·托勒密（Claudius Ptolemy）；我们对他知道甚少，只知他生活在基督时代的2世纪的亚历山大城。他的名字显示祖先是埃及籍希腊人，如托勒密，或许罗马公民身份，如克劳迪斯。正是这个克劳迪斯·托勒密，他编纂的地图册标志着亚历山大时代地理学的顶峰，显然，他是一个兴趣广泛和业绩卓著的人。他的关于天文学的书籍是一个奇迹。《天文学大成》（*The Almagest*）（托勒密的名著）在欧洲复兴时代，最终发现印刷技术之前，已经通过上千个手抄本传给我们。该标题译自阿拉伯语（*al-majisti*），它源于一个更早的希腊标题，《大综合论》（*The Greatest Compilation*），直接的意思就是“最伟大”。该著作共包含13册书，其中最后5册是讨论托勒密的行星理论。这里（图2-5）所示的是我在30年前，用直尺、指南针和量角器完成的托勒密理论的最初图示。我不能保证我理解的一切都是正确的，但是对图2-4与图2-5进行比较显示：该理论对火星于1968—1969年期间穿过天空的运动——速度的改变、垂直翻转运动、亮度的改变的描述是令人满意的。

那是什么意思？当宇宙的创造者在行星路线上调整它们时，他头脑中已有这样的新奇的数学装置？朴实和典雅之间有明显的间隔，由此，我们从伟大的创造艺术联想到那些由柏拉图（Plato）和毕达哥拉斯

（Pythagoras，古希腊数学家和哲学家）的假设，联想到创造者托勒密的古怪钟表的圆心轨迹、本轮、偏心和等分点。我们在托勒密理论中看见的几乎都是对定量观测数据的盲目忠实。然而对亚历山大的天文学家们最重要的并非具有希腊敏感性的**创造者的世界系统**，而是符合定量观察的世界系统。换句话说，亚历山大真理的试金石不是我们愿意的真理，而是我们的感觉确定的真理，这是一个我们中许多人面临困难时得到的教训。正是由于托勒密描述和预言天体的能力，使得他的世界体系无与伦比地站住了1 400 年。

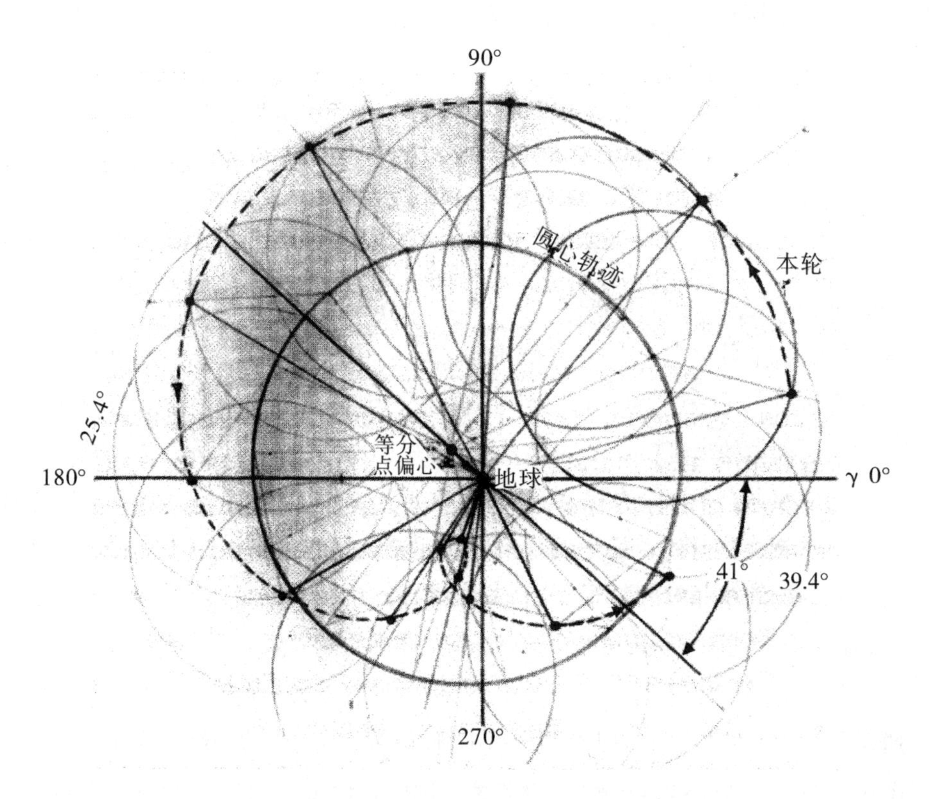

图 2–5　克劳迪斯·托勒密的理论在 1968—1969 年应用于火星，把圆心轨迹、本轮、偏心和等分点结合起来。

在那段时间里，必须要说的是亚历山大的天文学理论对绝大多数人在如何考虑世界时的影响很小。罗马人是很务实的，数学抽象的感觉甚少，并且随着基督教的兴起，经验科学让位于神学探索。在中世纪欧洲艺术和哲学描绘中的宇宙是一个以人类为中心的同心圆的安乐窝，上帝负责管理一切，他创立全部住所的唯一原因就是为人类提供一个犯罪和拯救的舞台。在中世纪基督教中，上帝的天使胜过宇宙学的天使，怀念父母安全的怀抱远重于在天空实际运动的行星。

行走零度

尼古拉·哥白尼（Nicolaus Copernicus，1473—1543）出生于波兰的一个富有家庭。作为年轻人，他在意大利学习，此后，在瓦米尔（Warmia）的罗马天主教堂任命他为牧师，他的叔叔在那儿任主教。能告诉我们的事实是哥白尼擅长于医学、法律、数学和天文学。天文学好像一直是他最大的爱好，他对托勒密的世界系统深感不满。托勒密的理论的确可以“保留外表”，但是哥白尼感到必须用一种更典雅的方法做这些。他被阿利斯塔克的想法所吸引，在早几个世纪前，阿利斯塔克就认识到让地球每天沿自己的轴旋转一次，而不是其他一切事情，其中包括无数星星围绕地球转动，这样我们对世界的观测就能简单化了。阿利斯塔克也设想地球在围绕太阳的轨道上前进。阿利斯塔克领先于他的年代，或相当领先于普通常识。如果地球沿它的轴每天转动，我们就必须以大约1 000 英里/小时（时速1 609千米）向前飞行，在希腊或中世纪欧洲的物理学家不能解释为什么我们没注意到这样的惊心动魄的飞行。这儿有好多科学理由支持地球不动学说。

哥白尼未能解释为什么我们在地球旋转时，没有感到运动（为此，伽利略和牛顿发明一种新的物理学），但是他认为地球沿轴自转理论的优点超过对常识的冒犯。至于为何星星的表观位置并不随地球围绕太阳旋转而变化，他对此也有一个解释，与阿利斯塔克的相同：对比于地球轨道的尺寸，星星与地球的距离太远，它们之间的视差是感觉不到的。因此，像亚历山大的先辈一样，哥白尼忍痛将地球从宇宙中心的位置送到一个远远超出常人的理解的空间去旋转。

哥白尼的巨著《天体运行论》（*On the Revolution of the Heavenly Spheres*）出版于1543 年，作者临终前收到了他的书的印刷本。为了出版，他已经等待很长时间，并且只在他的年轻的新教徒朋友乔治·乔基姆·雷蒂库斯（Georg Joachim Rheticus）的催促下最后才这样做的。尽管那样，哥白尼，一个天主教教士，知道他的理论将被天主教徒和新教徒认为是异教，然而这一切只不过是中心转移的时间问题。勇敢的船员在新大陆已经发现了以前未知的文明。马丁·路德（Martin Luther）在1517年已经把他的95篇论文钉到威滕伯格（Wittenberg）教堂的门上。罗马不再是基督学说的唯一中心。印刷设施的发明已经将神圣的《圣经》掌握在可以自己阅读上帝的书的平常人手中。这是一个特别的富有创造性的时代，也是一个注意自然界的时代；例如，艺术家阿尔布雷克特·丢勒（Albrecht Durer），能坐在一片牧场前，采用只有今天我们才能提供的精密方法，去确认在他画中每种植物的每个品种。哥白尼生活在革命时代，并且将自己的令人震惊的创新投入革新的骚动之中。

在图2-6中，你能看到的是我在1968—1969年将哥白尼的理论应用到火星的运动。地球的圆形轨道代替托勒密的本轮。对于以太阳为中心，火星的轨道是不正圆的，这是托勒密的理论的另一个回声。并且你看见的在火星大轨道上旋转的小本轮实际上替换托勒密的等分点。如果你的视线随着我的画里的地球转到火星，你将看见哥白尼的系统复制了1968年观察到的火星运动，其精确度等于托勒密的（观测结果）。当地球接近并且超过在各自的轨道里的红色行星时，火星表观的逆行发生了。

简易化的好处何在？哥白尼提出火星理论时没有像托勒密使用相同数量的人造装置？是的。但是优势在于：在哥白尼的体系里，地球环绕太阳的轨道取代了所有行星的本轮，因此整个体系更接近于一个同心圆的巢。当我学成两人各自的理论后，我能确认他们在处理几何学上有相同的难度，至少在应用到一颗单个的行星时。但是我自信哥白尼日心学说的版本*看来更正确*，与理性的创造者对简单化的向往更协调。他写道：“太阳位于一切的中心，由于这个发光天体在宇宙里的位置，这座最美丽的庙，哪儿还有其比中心更好的地方，从这儿能同时点亮一切？因此，太阳不恰当地被人称呼为宇宙灯，或者被其他人称为它的心灵，或者被其他人称为它的统治者。”

所以地球像所有其他行星，围绕中心火球旋转。但是等一等！并非完

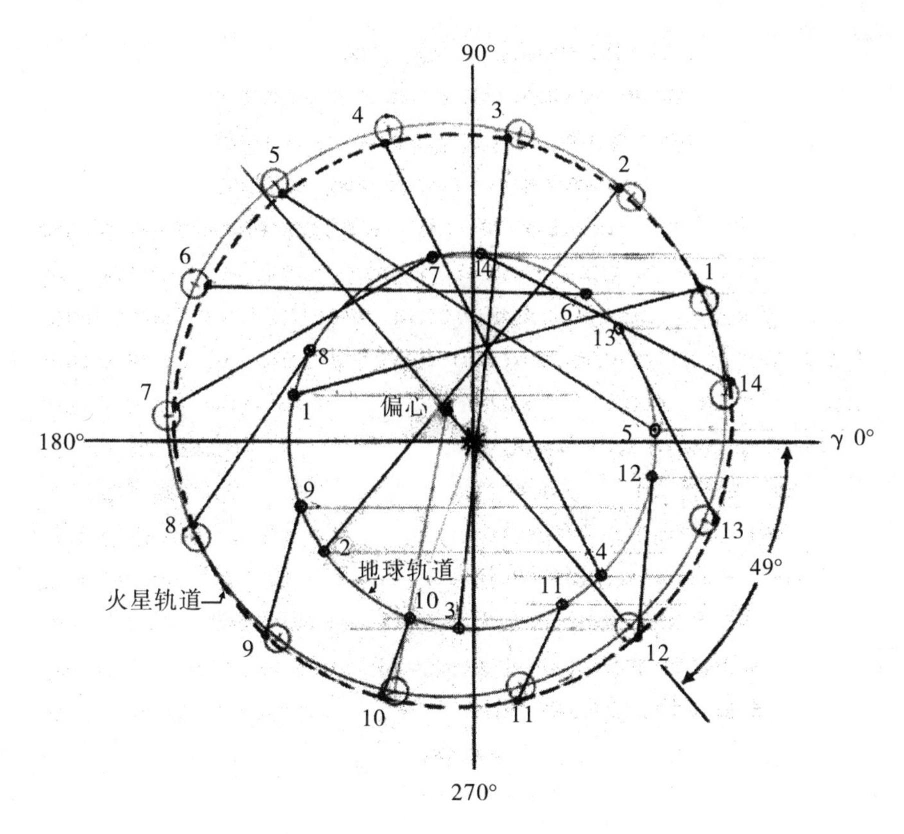

图 2-6　尼古拉·哥白尼的理论应用于火星，1968—1969 年。

全如此。在哥白尼的体系里，月球仍然围绕地球转。因此地球保留着作为月球轨道中心的中心位置的测量标准，使它远离其他行星。哥白尼的系统有两个中心，这已经肯定使哥白尼和他的继承者感到麻烦。记住，直到伽利略把他的望远镜转向天空之前，没有人知道其他行星有卫星。

显然，世界并不急于拥抱哥白尼的新宇宙观。举一个例子来说，监督该书印刷的那个人，路德教会的神学家安德烈亚斯·奥西安德尔（Andreas Osiander），表面上以哥白尼的名义添加了一篇序言，表明他的这种新的体系——地球沿其轴旋转和绕太阳旋转的双重运动——不要照字面去理解；那只不过是计算天体位置的一种较简单的方法。据推测，按照序言的说法，即使在哥白尼为一篇日心学说的小说作预言时，他还继续相信地球是宇宙的固定的中心。50 年后，奥西安德尔的序言被揭示为对哥白尼本意的一种曲解。但是大概奥西安德尔知道了他正做什么。正是由于写了这样的序言，使这部书逃避了教会当局的直接谴责，并且相对安全地进入世界。

零行
度走

认识到哥白尼学说体系优点的是丹麦天文学家第谷·布拉赫（1546—1601），这是一个带有银鼻子的无礼的贵族（他在一次决斗中，肉鼻子丢了），在丹麦和瑞典之间的海峡拥有一个岛的地产。他的房子可能合理地被称为第一个现代天文台。虽然望远镜是在他死后的几年才被发明，第谷装配了花钱能买到的最好的非远视仪器，并且以空前的准确度开始测量天体的位置。他随意修补了自己的数学系统，这是一个相当讨厌的托勒密和哥白尼的混合体：太阳围绕一个中心地球旋转，而行星环绕太阳旋转。第谷试图拥有自己的哥白尼学说的蛋糕，还吃掉它；在一切当中，他不愿意做的最大的事情是将人类从宇宙中心移走。图 2-7 显示第谷的理论在 1968—1969 年被应用到火星，并且你能看见他做这项工作。据我所知，除了第谷，没人如此认真地对待他的体系。

对待哥白尼学说最认真的人是约翰尼斯·开普勒（1571—1630），他有一个理想，即全神贯注地追求以感觉揭示的真实世界，也像任何希腊人一样竭诚对待这想法，即创造者从一个简单的数学计划开始工作。在他最早期出版的著作里（1596），他提出忘却先辈研究的各种各样的旋转陀螺，取而代之是直接观察太空中的行星的实际轨迹。开普勒知道第谷有他需要的数据，这是最好最精确的、目前可得到的关于行星运动的数据。他自己设法成为第谷的助手。（当时，第谷正作为帝国的数学家在布拉格〈Prague〉工作。）在第谷死后，开普勒继承了这位丹麦天文学家对火星的观察。

在科学历史上，紧随其后的事情之一将是史诗般的计算较量，开普勒称他的“与火星的战争”，是一本洋洋数千页的冗长无味的算法，他企图从第谷的观察中得到行星的真实轨道，当时他总是受到病魔的折磨，微弱的视力、宗教的迫害和无休止的经济与家庭问题，包括一种几乎无穷无尽的斗争以阻止他爱争吵的母亲被作为一个巫婆被焚烧。1609 年，他在《新天

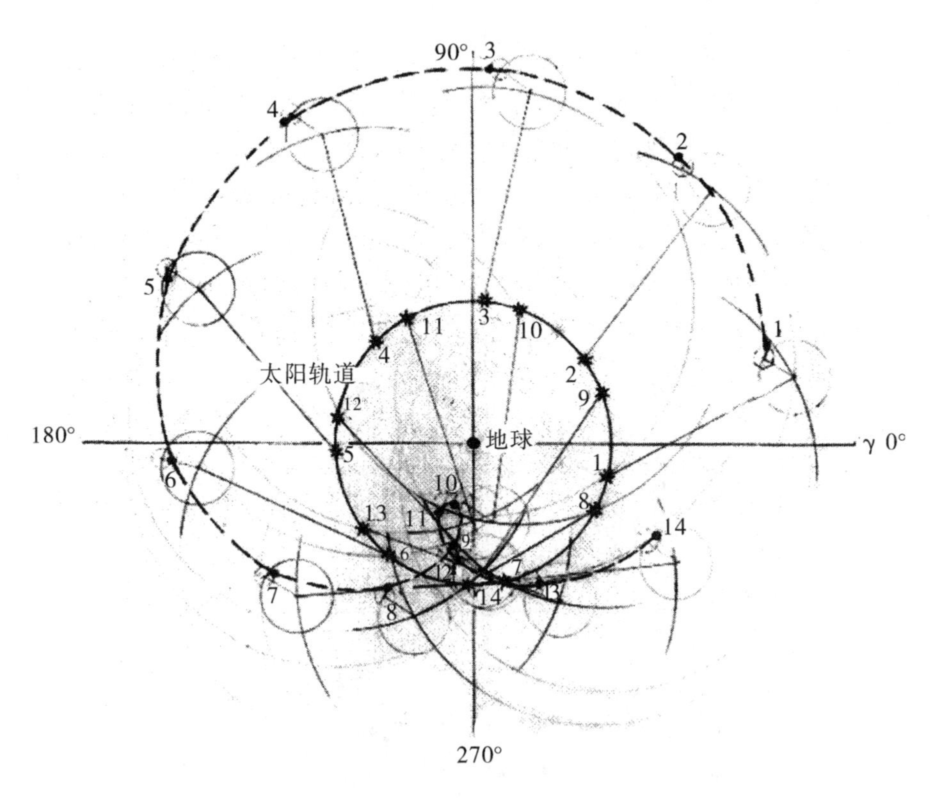

图2-7　第谷·布拉赫理论应用于火星，1968—1969年。

文学》（*Astronomia Nova*，The New Astronomy）上公布了他的研究成果。在1968—1969年，开普勒原文的英译本尚无法得到，但是我在伦敦北部的一家书店找到一册书，它给了我需要的信息，小罗伯特（Robert Small）写的《开普勒天文学发现的说明》（*An Account of the Astronomical Discoveries of Kepler*），这本书于1804年以英文出版。（正是由于购买到该小册子，才激发我按托勒密、哥白尼、第谷和开普勒的体系，去寻找我的方法。）图2-8显示出该结果。没有环套环。没有周转圈或者等分点。火星的轨道（像地球和其他行星一样）是以太阳为焦点的纯几何学的椭圆。该椭圆几乎感觉不到与圆有什么差别，并非所有的都是椭圆形曲线，这些通常在开普勒理论的教科书中的插图里可以看见。行星在其椭圆轨道上并非均匀移动；当接近于太阳时，移动快些，反之，则慢些。开普勒发现一个定理，描述星球的速度变化：在相同的时间间隔，火星围绕太阳旋转扫过的面积相同。（请见我的图中两段50天间隔所扫过的阴影面积。）并且更进一步，开普勒发现一个简单的数学公式：行星的周期（完成一圈所需时间）和它们与太阳的平均距离：周期的平方与距离的立方成正比。

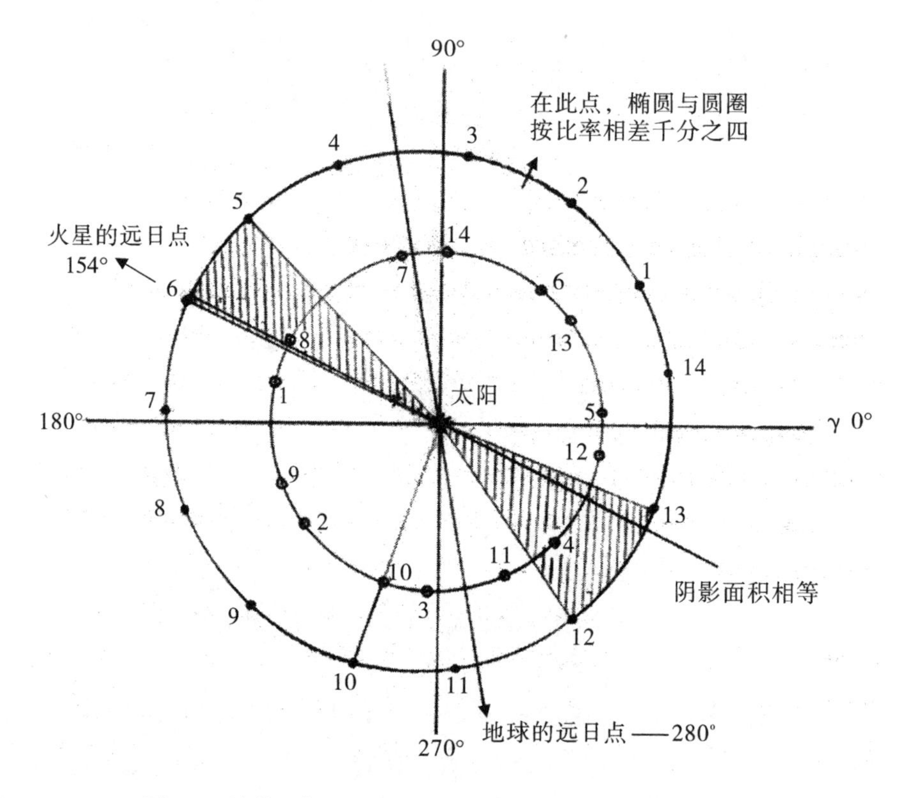

图2-8　约翰尼斯·开普勒的理论应用于火星，1968—1969年

这些是开普勒的行星运动的三大定律：

1. 行星，包括地球，沿着以太阳为焦点的椭圆形的轨迹运动。
2. 它们在相等时间内扫过的面积相等，接近于太阳时，运动速度快，反之则慢。
3. 它们的周期的平方与他们和太阳的平均距离的立方成正比。

因此，上帝好像终究是一位数学家；他不依恋于像亚历山大的天文学家和哥白尼想象的圆环。将人类安置在他的设计中心大概也不是这位造物主的意图。

开普勒的每条行星运动规律都以太阳为参考。他的系统以太阳为中心的意念比哥白尼的更深。开普勒迅速猜测太阳可以对所有行星施加控制，或许通过某种介入媒质把它自己的自旋运动传给它们。托勒密、哥白尼和第谷·布拉赫的天文系统是纯数学的，而开普勒的宇宙开始呈现物理性能；太阳不只是一个中心，而且是一种因果动因。这个因果动因可能等待艾萨克·牛顿去发现。

零度行走

现在也许是暂停并且考虑老问题的一个好时机：科学家发明或发现吗？托勒密、哥白尼、第谷和开普勒各自建立的理论仅仅是人工制品，如奥西安德（Osiander，德国信义宗神学家）提出的“保留外观”（saving the appearances）的方法，还是他们捕获到现实的某些方面？最后，托勒密声称地球中心论，就像后来开普勒声称太阳中心论时的热情一样，如果一代真理是下一代的蠢事，那么，谁能说真理是科学探索的结果？

首先，没有人，包括所有科学家，宣称科学产生真理——至少不是有大写 T 的真理（Truth）。科学力图用最典雅和尽可能简洁的方法去描写或解释实义证据，而不致引起非自然成因。天文理论包含我们刚才简要考虑到的每点，它含有天体的观测，大致保持均等的确信度。另外，每一个理论使天文学家能可靠地预报天体现象；也就是说，理论使实际产生利益，例如精修历法、确定宗教节日和礼仪时间、月食预报；其中最后一个理论，即开普勒的理论，至今仍然是最简洁、最典雅、我们用以描述天体运动的方法。

开普勒的行星的轨道计算将和牛顿的物理学合为一体而发现新的行星：天王星和海王星。它也描述了我们已经投进太空的每个飞行器的轨道。根据开普勒的行星运动定理，人造地球卫星进入椭圆轨道的运动，如同我们送到其他星体的宇宙飞船一样。开普勒的理论可能不是真理，但是与我们已经发明的用于描述天空现象的任何其他方法相比较，这肯定更可靠，并且在实际上更有用。这是因为，理论可能不是真实的，但与其他的比较，它会更真实，并且迄今为止，我们没有理由怀疑它的真实性，并且每个理由都肯定这点。

没有不犯错误而产生真理的“科学方法”，这经常归因于伽利略的同时代人弗朗西斯·培根（Francis Bacon），他提出一个假说，做一个实验，提炼假说，等等，都非常客观并确保肯定会通向原始的自然真实本身。正如生物学家斯蒂芬·杰伊·古尔德（Stephen Jay Gould）指出，培根自己理解科学（用古尔德的话）是“一项精彩的人类活动，不可避免源于我们的精神习惯和社会实践的本质，并且冷酷地与人类本性的弱点及人类历史上突发事件相交织”。托勒密或者开普勒的理论只能在与他们的创造者的人格、学习和经验、文化、时间有相互关系的范围内来理解。理解实验数据意味着寻找适合的类比、类推和模式，我们认为是合适的事物，与超现实主义者愿意承认的相比，更大程度上的是从文化意义上（甚至从遗传学角度）来确定的。

那么是否如同极端相对主义者声称的理论完全是任意的文化结构？不。用培根的话来说，科学理解“……不仅从心灵的秘密的橱柜中吸取，而且从自然的内部吸取”。一个可接受的科学想法一定与人们对自然的仔细观察结果更好地吻合。托勒密、哥白尼和开普勒的理论受天体观测严重制约，这给了我们信心：每个理论经过真实的检验。哥白尼和开普勒的同时代人相信：彗星是由神规定的标志和预兆。当发现彗星精确地遵守开普勒的行星定律时，预兆的想法就烟消云散了。只有最顽固的相对论者才会否认开普勒的彗星理论，它在某种意义上比预兆的理论更真实。

科学家掌握自己的理论源于磨炼的经历。相反，数据的限制实际上可能促进科学创造性。诗人罗伯特·弗罗斯特（Robert Frost）说，写出不押韵的诗就像打网球落网一样。他理解在某些正式的限制条件内工作，艺术创造力会提高，而不是落空。最好的诗人都把复杂结构的限制强加于他们的工作：押韵方案，声音仿照，构成音节，等等。热心的年轻诗人有时相信只要把他们心灵壁橱中的东西不加分辨地倒在纸上，他们就已经创造了诗。他们已经创造的不是诗，并且这也不是特别的创作。诗是语言的一种非常特别的使用，它用于和世界产生共鸣。同样，科学创造性在现实的磨刀石上磨砺后，将会更锐利，而不会迟钝。实践的观察限制科学家的创造性，但是不限制沿着常规踪迹的发明才能。华莱士·史蒂文斯（Wallace Stevens）的一首诗里的诗句原来是献给歌唱家的，现在献给了科学家，诗中赞颂：

> 即使她唱的那支歌曲
> 来自对他人所唱歌曲的倾听……
> 从来没有一个世界属于她自己，
> 只有她歌唱的那个世界和留下的歌声。

我们在科学中寻找的不是真理而是知识，这样得到的知识比任何其他方法得到的知识的真实性更为可靠。

第3章

地球的古代

沿着皮斯哈文到刘易斯（Lewes）镇之间的路线，我穿越白垩的农业丘陵地。一件值得英国乡村荣耀的事情是公共步道在此交叉，我将会容易地选择城镇之间的通道，而不太偏离零经度线。另一件值得英国乡村荣耀的事情是严格分区制，它避免了城区和郊区的无度扩张，从而避免城镇之间的风景受到损害。在我从皮斯哈文到刘易斯镇之间的艰苦跋涉中，我没有涉足沥青路面，只走了一段短短的穿过富有童话色彩的泰尔斯科姆（Telscombe）村的弯弯曲曲的路，该村自中世纪以来坐落在一个无人问津的溪山谷中。

在即将结束一天的步行时，我从白垩细粉状的悬崖上俯视刘易斯镇，一个在欧塞（Ouse）河边的远古的市场城镇。道路突然下降，横越一个长长的光秃秃的山脊，跳上A27高速公路，我突然走在城市的主要干道上，在子午客栈痛饮了一品脱（0.57升）啤酒，正好在客栈门外面有一块牌子设立在公路边，标明着格林尼治子午线。

我饮完啤酒，沿着高速公路又走了几十步，便进入另一间堂皇的老房子，附有另外一块牌子，标明是吉迪恩·阿尔杰农·曼特尔（Gideon Algernon Mantell，1790—1852）博士的故居，他是著名的外科医生和独立奋斗的地质学家，原布莱顿和刘易斯镇原来的居民和恐龙发现者。

传统故事称，曼特尔的妻子玛丽·安（Mary Ann）在一次去卡克菲德（Cuckfield）的家庭郊游中，发现第一块绝迹的巨大的陆地爬行动物的牙齿化石遗迹，卡克菲德在刘易斯镇西北部方向约10英里（16千米）处的一个小村庄里。可以推测，她看到了在路边的墙上有一块奇怪的石头，并将它带给丈夫，曼特尔立即意识到手中拿着的是新的、不平常的牙齿，这颗牙齿与众不同，他以前从未见过。然而，这个故事没有任何依据。这颗牙齿辗转来到曼特尔手中可能是在卡克菲德的一位采石工在1820年底交给他的，他可能已经知道这位医生对化石长期感兴趣。当时曼特尔在他的书《南唐斯的化石》（*The Fossils of the South Downs*）中最后讲到关于水生动物，那些水生动物在刘易斯镇附近的白垩层留下它们的印记。（在以前的年代，白垩沉积在海洋环境里，因此称为白垩纪，来自希腊语“粉笔”的意思）。保存在曼特尔收藏品的古动物遗迹中，有海星、珊瑚、海胆、多种贝壳，加上海百合、菊石等灭绝动物。一些深埋在白垩层的脊椎动物的标本：鲨鱼牙齿和鱼的骨骼。卡克菲德的牙齿非常不同于白垩层的化石。首先，它来自白垩地层的下面，由此推测它更古老。其次，不管是什么动物的牙齿，这颗牙齿大于生活在白垩纪海洋任何已知的动物。第三，曼特尔认为（现已证实）他手中的充分磨损的牙齿属于陆地居住的食草类爬行动物。

哪里有牙齿，哪里就必定有骨骼，卡克菲德采石场很快也发掘出骨骼，那是庞大的东西，它大如现存的最大的动物的骨骼，夹层之间含有化石组合，它不同于任何曼特尔已收集的白垩层化石：蕨类植物和其他陆地植物。有海龟、鸟、鳄鱼，鱼类的牙齿和鳞片。还有一些海洋动物的化石，但大多是岸边生物。显然这些是时间的遗迹，那时候的英格兰东南部靠近浅海边缘，干燥和淹没轮流交替。栖居在陌生岸边的生物中有一种动物，很快被称为禽龙，意思是“鬣蜥蜴的牙齿”，因为卡克菲德的骨骼和牙齿与今日的鬣蜥蜴相似，不过后者更小一些。

1831年，曼特尔在《爱丁堡新哲学杂志》（*Edinburgh New Philosophical Journal*）上发表了一篇文章，文章开始时写道：“在现代地质学家的研究成果已经公之于世的许多有趣的事实中，没有一件比这更特别和更使人难忘的发现，这个发现就是：有一个时期，**地球上挤满了大得惊人的、卵生的四肢动物**，在人类存在之前，**爬行动物是万物的统治者！**”卵生的四肢动物，惊人的巨大。它们是卵生的、四条腿的巨大生物。曼特尔宣布的内容使人喘不过气来，并得到热情的支持。在曼特尔的卡克菲德发现之前的10年，一直是地质科学史不平凡的时期。以惊人的敏捷，在英格兰南部沉积地层中已经挖出现在已从地球上消失的奇怪动物家族的遗骸化石，包括陆地上的和水中的、大的和小的、食肉类和食草类。曼特尔只是热心的探险家中的一个，他们将禽龙和其他爬行动物骨骼从地层中发掘出来，并公之于众。著名地质学家、古生物学家理查德·欧文（Richard Owen）提出将灭绝了的野兽的这个种总称命名为恐龙，意思为“极其巨大的蜥蜴”。

零行
度走

在令我们张开眼睛看到地球上爬行动物过去情况的化石搜寻者中，没有比多赛郡（Dorset）区莱姆里吉斯（Lyme Regis）的玛丽·安宁（Mary Anning）更著名了。她的开采场在本初子午线以西大约 130 英里（209 千米）处，其中侏罗纪地层比曼特尔发现禽龙的地层要早数千万年，除了今天可以在伦敦自然历史博物馆看到的安宁发现的很多化石外，在沿我步行的路线上也可以看到很多。

虽然她出身卑微，但这对穿着宽松的裙子在多赛郡沿岸破碎的地层间攀爬并非不利。12 岁时，她发现了被证实为世界上第一条鱼龙（鱼蜥蜴），一种灭绝了的爬行动物，它完全适应海上生活，在某些方面像一条鱼，同时它的前、后肢改变为具有鳍的功能。这并不是说，以前没有人发现鱼龙的化石（数百年前，采石工人已经把这些神秘生物化石从岩石中挖出来），但直到安宁的标本被检测认可，地质学家还没确认他们看到的样品不像地球上现存的任何一种动物（见图 3-1）。很快，更多更好的标本从悬崖发掘出来。鱼龙化石印记在整体上的典型尺寸是 12 或 15 英尺长（3.66 或 4.57 米），长长的嘴，敞开的眼窝，分布在莱姆里吉斯地区的岩石中，这说明生活在侏罗纪海洋的这些动物是相当普遍的。作为化石学家，在她的光辉的职业生涯中，安宁发现多种鱼龙以及蛇颈龙（接近爬行动物，另一种大型海洋类脊椎动物）和英国的第一只翼手龙（一种飞行类爬行动物）。

安宁时代的莱姆里吉斯（Lyme Regis）是受欢迎的夏季旅游胜地——像今天——她能通过出售普通化石作为纪念品从而过着适度的生活。她的更重要发现使她成为伦敦的地质学会显赫的专家，该学会成立于 1807 年，

图 3–1　取自伦敦自然史博物馆收集的一条鱼龙化石。

它促进人们对新兴的地质科学更感兴趣。虽然安宁像许多和她一样受过大学教育的科学同行，对这些化石的知识渊博，但是她是女性，低微的出身和持异议的信仰，所有这些否认对她像对吉迪恩·曼特尔那样的称赞。地质学家们公认安宁的天分，但是，在出版她的化石说明时，他们没有给她应有的肯定。

安宁的几个顶级鱼龙和蛇颈龙的化石标本今天陈列在伦敦自然史博物馆，包括她最大的鱼龙化石。在我喜欢称之为"平坦的野兽大厅"里，有一个长画廊，它的墙壁从地板到天花板装有海洋爬行动物的化石的壮丽展示，包括在外国博物馆的几个重要的石膏复制品（见图 3–2）。不管这些动物在活着的时候如何圆胖，当它们死亡时落到海底，沉积物埋没其骨骼，或几乎压成扁平，所以，当它们重现在地层中时，它们成了雕刻的样子，像文艺复兴时大师们的雕刻品。自从 1968 年我第一次参观该博物馆以来，画廊没改变。博物馆的大部分展览空间已经变得更活泼和更方便了，但很难想象这平坦的野兽大厅如何改善；我希望馆长理智地将它留在那儿，因为，它愉快地表达收藏的激情，这种激情具有 19 世纪早期英国的特点。

在画廊，一个来自德国的鱼龙标本在其体内有 6 个未出生的幼仔，另外一个标本体内有 3 个未出生的幼仔，第四个幼仔的尾巴有着正在出生的

图 3-2　伦敦自然史博物馆的海洋爬行动物展。

完美的印记，正在这时候它们的母亲去世了。一个莱姆里吉斯的鱼龙咬着另一条鱼龙，用牙齿互相厮杀，这是动物的最后一餐。沿着画廊，从标本走到标本，就像被带回到 2 亿年前消失的充满了妖怪的大海，蚕食、被蚕食、交配、幼仔出生。当我在 2003 年秋的子午线之旅时，参观了这个画廊，有一间毗连的特别房间，展示所有的恐龙，有**暴龙**中的佼佼者、一个完整的栩栩如生的如实物大小的模型。我坐在平坦的野兽大厅的长凳上，在看侏罗纪海洋中游弋的怪兽时，从其他房间传来令人不安的食肉动物正在陆地交尾的**暴龙**的吼声，声音来自深层地质年代。吉迪恩 · 曼特尔、玛丽 · 安宁和他们的同时代人为时间在努力，犹如亚历山大的人们为空间在努力：他们已经远远超出此时此刻的范围。

19世纪初的化石学家怎样解释在岩石里的奇怪动物？曼特尔和安宁生活在这样一个地方，在这里，一个时间的概念正在受到挑战，而一个新时间概念正在诞生。19世纪初，英格兰的大多数人在地球史方面坚持一种《圣经》字面原文的观点，它和人类历史同时代，除6天的筹备阶段，其间创造者为人类的戏剧舞台表演做准备。不同于法国，在法国革命期间，它已经摆脱了许多教会的知识影响，而英国在普遍建立的英国国教信仰影响下，毫无生气。即使崇高的威廉·巴克兰（William Buckland，1784—1856），牛津大学地质系的第一位教授，在国家管理局主导一切地质事物，他也坚持：地层中的岩石和附着的化石可以与《圣经》造物说明以及诺亚洪水相协调。巴克兰的朋友和伙伴，化石学家，牧师威廉·科尼比尔（William Conybeare）也努力找一个方法将化石楔入《创世纪》。

法国最著名的化石专家乔治·居维叶（Georges Cuvier，1769—1832），一名有指挥才能的智慧男子，当他在开始解释岩石中的动物时，认为这些与《圣经》不相干。通过培训，居维叶成为解剖学家，并且有出色的能力去理解化石的骨骼与现存动物的关系。他很清楚，在过去，不管是漫步于陆地还是在海中游泳的许多动物已经灭绝了，而且许多灾难性的剧变一定不时地冲击生命的长河。这些所谓的革命给他留下的概念可能比较含糊，但是，居维叶很清楚：沉积岩的经历证实了地球的古老，并远远大于《创世纪》中暗示的仅仅数千年。

在英国，地球的古老受到苏格兰绅士、农场主的詹姆斯·赫顿（James Hutton，1726—1797年）强有力的支持，他果断地采用一种不同于居维叶的做法。赫顿的《地球的理论》（*Theory of the Earth*）一书出版于1788年，是一本冗长、几乎不能读懂的书，但它含有一个伟大思想，将地质学从《圣经》注释的禁锢中解放出来。赫顿说，**过去的地质现象必须用我们今天在工作中看到的同一物理过程来说明**。凡发现沉积淀岩石地层，我们必须假定它们是由沙子一粒一粒沉积起来的，受到同一察觉不到的侵蚀、运输和沉积的力量，即使今天，这些力量在内陆平地或海岸沿线，移走分散的山石或建立泥床或砂床。凡是发现沉积岩石地层，我们必须假定他们发现化石进入岩石的方式与今天的贝壳、动物骨头埋在沉积物的方式一样。

赫顿的地球历史观不是一个按居维叶的周期灾难论，而是连续渐变——山脉以极小程度上升和下落。赫顿说，不需用神的介入行动来解释岩石的纪录，只有变化的自然力量是我们今天工作所关注的，这被称为地质均变论的假设。但如果山脉上升和移动是一毫米一毫米地进行，如果厚厚的沉积床的沉积淀是一粒一粒地进行，那么，6 000 年或按《圣经》诠释分配给地球的时间是明显不足的。确实，地球一定很古老了，**地质时间有时与人类时间大不相同**。到底需要多少年来解释地质现象，赫顿不准备说，但肯定是数百万年，或许更多年。

赫顿的散文可能晦涩难解，但是，那些岩石的证据是引人注目的。在赫顿的故事中有一个异常的时刻，我经常以它作为地质诞生的时刻。赫顿不是第一个推测地球的远古；是某些希腊思想家，他们中间有的人以为时间既无开始也无结束。但直到赫顿最终完成经验的观察之前，没有令人信服地实证地质时间似乎永无止境。那个时刻我在思考发生在 1785 年春天的事情。赫顿邀请他的朋友约翰·普莱费尔（John Playfair），还有一个年轻人詹姆斯·霍尔（James Hall），陪他乘船游览苏格兰的贝里克郡海岸。根据赫顿对陆地上的岩石的观察，他知道他自己在寻找的目标：一个沿着海岸悬崖的地方，那儿两个地质历史时代同时显现。他发现他寻找的地层分裂的地方叫西卡角（Siccar Point）（见图 3-3）。这里显得很古老，几乎是垂直的地层，被侵蚀切断了，压在年龄较短轻的水平地层上面，我们今天称之为不整合，即两个沉积片断，由于一段时期的隆起和侵蚀，地表下沉，上升，再下降，倾斜，折叠，侵蚀，所有这些都以极慢的速度，以无限小的程度在进行。约翰·普莱费尔热情地回应赫顿的说明：

> 我们首次目睹了这些现象，产生的印象不会轻易忘记。提供给我们的明显证据是，一个在地球自然史中最特别和最重要的事实之一，这个证据赋予那些可能的理论推测以一种真实感和本质性，这些真实感和本质性直到现在从未直接被感官证据所证实。

我们常告诉自己，我们能有什么明确的证据去证明这些岩石的不同岩层，证明多长时间可以分离这些岩层，我们实际上已见到它们从内部深处涌出吗？我们觉得自己有必要回到那个时代：回顾那时我们站在垂竖直的片岩地层石片还在海底，那时我们面前的沙石刚开始沉积，以沙的形式或以泥的形式，这些泥沙来自海水的上层。一个新纪元出现在更加遥远的过去，当这些最古老的岩石不是站立在垂直基础上，而是放置在海底水平面上，还没有被不可测的力量搅乱，当这种力量爆发的时候，可以使地球上的固体路面粉碎成片。大变革依旧出现在更遥远的过去。通过遥视时间的深渊，心灵似乎眼花缭乱地成长。

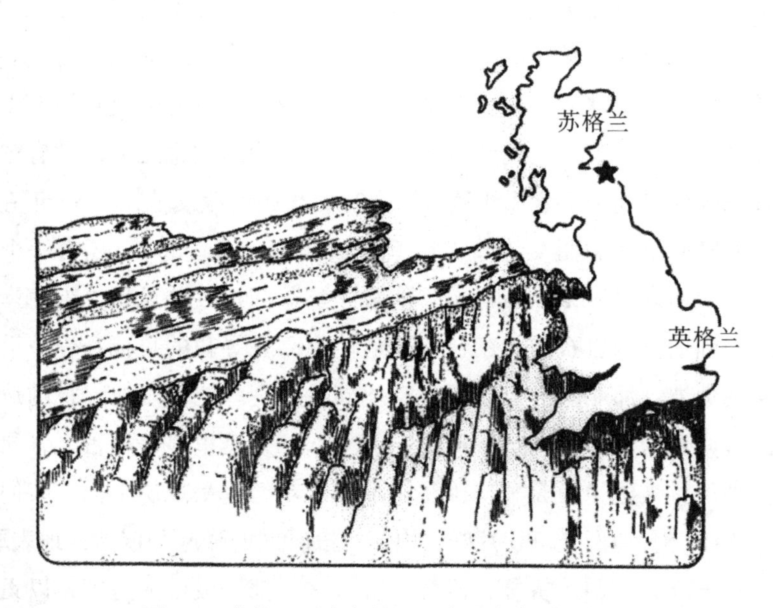

图 3-3　苏格兰西卡角的不整合的古代沉积岩。

这里是人类智力历史上值得品尝的一段插曲，简而言之，一个很平常的春日，在贝里克希尔的沿海，三位朋友约会在一条船上，并且在海边的山岩攀登。这是 1785 年。伟大事件正在世界酝酿中。在英国，产业革命轰轰烈烈地开展起来；很快，持续了万年之久的农业时代将让位于工业时代。

横跨英吉利海峡，法国在动乱的边缘保持平衡；“神权之王”和教会权威让位于民众变革和理性时代。大西洋广阔水域的对面已经诞生一个新国家，欧洲年轻和精力充沛的后代“在自由中构思，并献身于人人生而平等的主张”。这些翻天覆地的剧变可能远离普莱费尔和霍尔，当时他们站在古代砂岩的顶层，并让赫顿引导他们的想象进入始终是遥远的纪元。但在 1785 年春季的一天，在西卡角发生的事情不外乎是在英国的那些新英格兰磨房镇、巴黎街和费城自由大厅发生的事情的结果的继续。在贝里克希尔沿海，人类历史和宇宙历史不可避免发生扭转，时间将不再标记人类事务的进程；反之，人类事务将成为宇宙的时间的标记。

但那些情况不是立即发生的。地质时间的回顾太浩瀚以至于无法很快抓住，这个时间深渊太令人晕眩，对人生的意义的暗示太沮丧。当赫顿探测了丘陵和贝里克希尔的山溪谷时，当普莱费尔、霍尔他俩和赫顿站在西卡角时，他们明白的是：需要修辞和有说服力的证据来巩固基础。普莱费尔有自己的角色来表演；他出版于 1802 年的图书《赫顿的地球论》（*Huttonian Theory of the Earth*）是将赫顿谨慎的散文翻译成为更加平易近人的读本。但赫顿的中心思想太华丽，即使普莱费尔的明晰说明也很难充分体现。这儿所需要的是一种扎扎实实和微妙的智力，面对百万年或者几千万年或者亿万年的事情不犯晕。

零行
度走

查尔斯·赖尔（Charles Lyell，1797—1875）受训成为一名律师，像曼特尔、安宁一样不可抗拒地沉溺在阅读这本地球的书中，该书内容便于多方面精读，如在产业革命中的矿山、采石场、铁路的缩短、隧道和运河。赖尔接受赫顿的想法，即无数年代的逐渐改变，并支持它。他的《地质学原理》（*Principles of Geology*）分两卷分别于 1830 和 1832 年出版，并支持和应用了赫顿的地质均变哲学，并承担从他自己在英国和欧洲大陆的观察提供的证据的责任，那时他被称为“地质学之父”。当它用来解释岩石的记录时，赖尔做得相当完美和正确，他写的东西不少在今天仍然有效。《地质学原理》第一卷出版时，正好年轻的查尔斯·达尔文（Charles Darwin）带着这本书登上英国皇家海军舰艇“贝格尔”号（HMS Beagle），开始5年的环球航行。

《地质学原理》出版前的10年，对英国的化石学家界是一个令人兴奋的年代。吉迪恩·曼特尔在卡克菲德发现陆地爬行动物的股节（腿部骨骼）有60或70英尺长（18.3或21.3米）（巴克兰推测）。其他巨大爬行动物的骨头在牛津附近的“采石场”（Stonesfield）被发现。玛丽·安宁从莱姆里吉斯的海滨发现第一具完整的长脖蛇颈龙骨架（今天，可以看到它在伦敦自然史博物馆墙壁上游动姿态）。1830年，赖尔的《地质学原理》第一卷出版，安宁发现鱼龙的头盖骨化石，测定为5英尺长（1.52米）！伦敦地质学会的有学问的先生们热情对待每个新发现，巴克兰和科尼比尔（Conybeare）希望发现更大尺寸的化石，以颂扬上帝在假定的6天期间创造的手工艺品的荣耀。赖尔和他的盟友在岩石的记录中除了看到极长时间的自然力工作的记录外，没有任何迹象或证据表示神的干预。地质均变学说者和他们那些更虔诚宗教的同行展开热烈的，但有时困惑的辩论。随着每个新化石的发现，世界的年龄明显增长了。很快，即使巴克兰和科尼比尔也准备保卫由17世纪主教吉姆·乌雪（James Ussher，1581—1656）根据《圣经》的断言：世界被创造于公元前4004年。

零度行走

1821年10月，24岁的查尔斯·赖尔敲开了吉迪恩·曼特尔在刘易斯镇高街的门，这与本初子午线仅仅隔一英尺（0.3米）之遥。他以地质学家作为他的职业生涯的开始，并且被曼特尔的化石学家的美誉所吸引。两人畅谈直到清晨，并建立了持久的友谊；他们在和神学家扭曲的时间的斗争中成为坚强的盟友。1827年，赖尔在《萨塞克斯地质说明》（*Illustrations of the Geology of Sussex*）的序言描写了：曼特尔、赖尔和巴克兰在卡克菲德矿场的调查，在那里，曼特尔发现了禽龙牙齿和其他化石（见图3-4）。这是在1825年3月一个下雨天的下午。三个地质学家头顶绅士帽和身穿绅士服。六位身穿不太正式服装的矿场工人陪同他们。曼特尔大概是右边的人，站在一个垂竖直沙石板后面，砂岩上镶嵌着蕨类化石。赖尔或巴克兰挥着锤子从岩石挖出一个爬行动物的骨头。其背景是卡克菲德教会堂的尖塔。（开采场被填充后上面建起一个板球场。）这幅画本身给他们自己就是隐喻解释。一方面，不管赖尔和曼特尔有什么分歧，另一方面，不管赖尔和巴克兰有什么分歧，显然，过去的故事最终取决于含有化石的地层的证据，而不是取决于以遥远教堂的塔尖为代表的权威和传统。我特别喜欢蕨类植物化石和现存植物的正确结合，反映经历在整个地质时间后，它们相互之间如镜面般的对映。赫顿和赖尔说，目前的关键在于过去，如果我们想了解地球历史和他的居民，让我们寻找今天作用在地球上的自然力，然后将之应用于过去。

图 3–4　1825 年吉迪恩·曼特尔、查尔斯·赖尔和威廉·巴克兰在卡克菲德采石场。

曼特尔的旅行日记进入1831年5月22日时，记录了他与赖尔去霍舍姆（Horsham）采石场的另一次探险，在那个时候他们愉快地考察了带有波纹痕迹的古代沙石板料。后来，曼特尔在一篇给《爱丁堡新哲学杂志》（*Edinburgh New Philosophical Journal*）的文章中描述了这些砂岩表面。曼特尔断言：没有一个已经观察海滩翻滚波浪运动的人能怀疑是相同动力在古代沙石中产生同样的波纹。然后他写了一行字，它可以作为这本书或任何科学历史图书的铭文："这奇怪外貌的原因好像是明显的，这也是科学人之间辩论的目标，这想法太容易以至不能找到神秘的动因去解释一直存在并且今天依旧存在的作用，这是由某些简单自然运动产生的。"

"神秘的动因"可能随着时间的变化和地点的变化而变化，但是，不变的是采取人类创造者的形式或具有人类特性的动物创造者的形式。吉恩·皮亚杰（Jean Piaget）告诉我们，年幼儿童对自然现象总是引起人为的解释，因此甚至即或是太阳、月亮、风和云这些成为一种有意识行动的介质的产物，它们已经将儿童作为特别参照对象。同样，人类学家看到人为解释在所谓的原始文化之内起作用。中东创造神话，例如，在《创世纪》里讲述的都是常见的例子中人为主义者的传统。强调以人类生活的中心的方法来了解自然现象的趋势，的确是非常强烈的。连科学家对万物有灵论和人为主义都不具备免疫功能。

早期的神话思维和宗教学者，例如米尔西·埃利亚代（Mircea Eliade）和约瑟夫·坎贝尔（Joseph Campbell）已经表明在传统文化中的时间概念是基于反复循环而不是直线连续。循环周期是密切联系天文现象——月球，特别是和太阳的周期——从而有力地冲击传统人类生活的每一个方面。**传统时间是在不变的宇宙节奏中永恒的重复。**在传统文化中，循环和同时性比时间的持续性和方向性更有意义。数学哲学家G.J.惠特罗（G.J.Whitrow）写道：在传统文化中，"一个目标或一个行为是在一定范围内对一个理想的原型的真实模仿和重复。"换句话说，现在的关键是过去。

惠特罗说：“因此，给了我们一个矛盾的处境，即在人类第一次对时间有感觉时，他就本能地寻找超越或废止时间。”我们的祖先试图寻找生活在永恒的现在。现在，几乎可以不必说：以自我为中心。

在传统文化中，宗教和祭祀是在太阳或月球循环的特殊时刻进行的，在当天的指定时段，吟诵祈祷。每一项（种）礼仪行为活动都是原型牧师一种典型的敬神行为的一种重复和庆祝行为。这“永恒的轮回”（eternal return）被埃利亚代和坎贝尔以令人信服的方法描述。惠特罗写道：“即使是在中世纪的欧洲，机械时钟开发的第一阶段是受寺庙需要的影响，当各种祷告要提及时间，因此需要准确报时，并非任何记录这段时间的要求。”在世界各地的各种文化中变化万千，包括澳洲原住民和法老时代的埃及人，唯一不变的才是有意义的。根据各传统文化，世界从人为的创始人手艺朝健全和完善发展，如果我们想完全了解当代的事件或现象，我们必须参考创造者在创造时间时的意图。

所以，有人说赫顿和赖尔发现自己的文化就是犹太教和基督教共有的传统文化，其中永恒轮回的神话已经提高到一个独特的单一的大循环，它包含创造和衰落，救世主的来临，他的献身性的牺牲——在充分的时刻——他的胜利返回。这是神圣历史进入科尼比尔和巴克兰寻找强化的岩石证据的伟大弧光。在古代沙石板上的波浪痕迹扰乱了在以人类为中心的故事中专门一章的证据。他们宣称上帝非凡地摧毁了世界是借助于洪水，并非今天在每个海滨沙滩上能看到的不停拍打的波浪。那么，普莱费尔检测在西卡角的扭曲的地层是多么彻底，并宣称：“这种物理探索的结果……我们没有发现开始的遗迹，也无结束的期望。”按照詹姆斯·赫顿的观点，历史不是通过过去创造中的一个非凡的和完美的行动而永恒存在，而历史是由不能分辨的时刻永无止境的连续——一个诅咒接着另一个诅咒——历史对于那些把他们自己看做是一切的中心点的人来说不是令人激动的前景。难怪连赫顿时代的科学家们在骨骼化石的意义和砂岩层波浪性痕迹方面都相互冲突。

吉迪恩·曼特尔（Gideon Mantell）的故乡刘易斯镇坐落在一个白垩高地的凹口，那里的欧塞河（River Ouse）切断了通往海洋的通路。白色的高高的悬崖绝壁面向东、西、南面崛起；通过白垩化石的分类，曼特尔博士建立了自己作为地理学家的声誉。从法国越过英吉利海峡狭窄部分进入英格兰，你会因垂直峭壁悬崖上的软白岩石的光亮而不禁眼花缭乱——尤其在晴空万里之时。这些悬崖像城堡一样突起。这表示一种美好的前景，给英格兰一个诗一般的名字，阿尔比恩（Albion），源于颜料铅白，拉丁文的“白”字。

今天我们对白垩地层起源的了解比曼特尔要多得多，这些地层上升超过英格兰东南部的大部分（也超过是在法国的海峡部分）。白垩几乎完全是纯碳酸钙，有的地方厚度超过1 000英尺（305米）。显微镜检查显示，它是由称为“颗石球”的海生藻类的细小骨盘组成的，这些显然是大约1亿年前茂盛地生长在相当浅的海底的软泥类东西。现代计算表明沉积物的堆积率约为每1 000年增高1英寸（2.54厘米），所以不难知道沉积1 000英尺厚度的白垩层所需要的地质年代。在这些地层中，曼特尔发现鱼类化石的遗骨、菊石、海胆和几十种海洋生物，从而也确凿证实了在某个时期温暖的海水平面远远高于现在欧洲的东北部的时间。

但曼特尔没有注意到沉积淀率和记录在他排序的化石的年数，只是证实岩石形成已有很长一段时间。他对地层的理解尚未超出他出生的苏塞克斯（Sussex）郡。这将需要具有更宽广英格兰的地质观点的专家去解开白垩层之谜。

当我沿本初子午线朝北前进时，我就预先知道我将会遇到何种岩石，因为我早就拥有两张美丽的、能挂在墙上的、由英国地质调查局出版的英国地图，我曾多次按我的想象来安排这样的徒步行走。当我从刘易斯镇附近的南唐斯（South Downs）向下走去时，我从离开皮斯哈文走过的白垩层已让位于砂岩层，称为“上绿砂”（Upper Greensand）。当我的行程朝北越过称为威尔德（Weald）的宽阔山谷时，“上绿砂”让位于“下绿砂”（Lower Greensand），然后是黏土，接着第三种砂岩层出现在丘陵的威尔德中部地区。现在，当我继续向北朝伦敦走去时，出现了一种令人感兴趣的景象：地层的顺序逆转了。黏土，下绿砂，上绿砂，然后在北唐斯（North Downs）的面朝南面的悬崖绝壁上，白垩层再次出现。在晴朗的日子从这个悬崖高点遥望北面，可以看到伦敦塔耸立在远处的泰晤士河河谷。当我沿着和缓的下坡走向伦敦时，经过这个城市郊区的南部，白垩层先后让位于黏土和泥石。我在格林尼治越过泰晤士河（有一条便于我通行的人行隧道），黏土和泥石颠倒了次序，如同在一个镜面图像中。当我离开北郊时，再次遇到白垩层，然后，在剑桥附近，相同次序的排列又出现了，上绿砂、下绿砂、黏土和砂岩，与我在威尔德看到的次序相同。

如何解释岩石的变化节奏呢？我对我的学生提出了这一难题，经过一番挠头抓痒，他们找到了答案。英格兰东南部的全部地层顺序相同：沉积岩，暴露在威尔德中部最古老的地层和在伦敦的最年轻的地层。岩石层已慢慢地折叠和侵蚀，使得不同的地层今天暴露在地表（见图 3-5）。当然，因为现代英国地质图挂在教室墙上，这将有利于解决这个难题。当不能得到全国地质图时，某种解法还不太明显。第一个构思这样一幅地图的是自学成才的铁匠的儿子——威廉·史密斯（William Smith，1769—1839）。

史密斯生于牛津郡丘吉尔（Churchill）村，那年詹姆斯·瓦特获得蒸汽发动机的专利，这是产业革命开始的标志。他去世前不久，查尔斯·赖尔发表了《地质学原理》。他的一生恰当地说明了英国的工业化与作为一门科学的地质学诞生之间的密切关系。史密斯在他生命的 70 年中，英国发生了梦幻般的、不可逆转的变化。人口猛增，而且从分散在全国的小农业村庄移向大的村庄，拥挤的中部地区，南威尔士，靠近纽卡斯尔（Newcastle）东北沿海和苏格兰的格拉斯哥（Glasgow）附近地区的工业中心。比较 19 世纪中叶英国人口密度地图和地质图，显示了在人口和煤炭间的一个突出的一致。在几代之内，一个农民的国家成为一个煤炭开采者与燃烧者的国家。动力机械完成手工劳动：纺纱、织布、锻造，从矿井抽水。蒸汽机车的嘘声和吵闹声替换了作为乡村的典型声音的杜鹃叫声。只有大的商业中心伦敦对人口与煤炭关系是一个例外。但当兴修运河和尔后筑起铁路后，

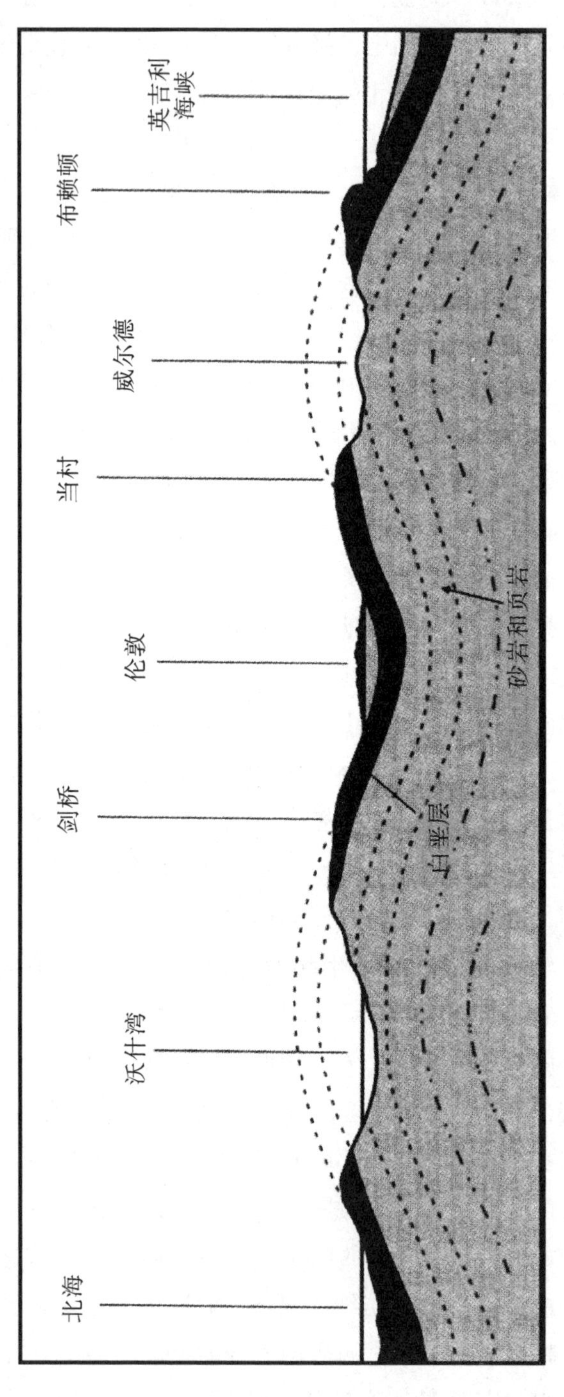

图3-5 英格兰东南部次表面地质的一个理想化的展示。

将房屋和商业取暖用煤以及英格兰中部地区（Midlands）工业中心的有用产品带到首都。

史密斯在威尔斯（Wells）镇和巴斯（Bath）镇之间、萨默塞特（Somerset）郡北面的煤田开始了他测量工程师的职业生涯。这里煤炭丰富，萨默塞特离城市如布里斯托尔（Bristol）、南安普敦（Southampton）和伦敦等不远，但煤炭不露于表面，而南威尔斯和中部这些地方更受青睐。因此煤的开采是昂贵的，并且如果萨默塞特的煤矿面对来自远方的竞争能维持下去的话，他们必须使其产品在市场价格便宜。需要一条运河，它连接萨默塞特煤矿和其他运河，从而把全国连接在一起。以前，史密斯在牛津郡曾担任见习测量技术员，并已掌握了贸易技术。现在他发现自己在适当的地方，在适当的时候，负责萨默塞特运河河道的规划过程。

好奇得无法满足的史密斯在孩提时代就曾收集岩石和化石标本，并不错过这个机会去观察地球内部。他沿矿井下降并记录在垂直壁上的连续岩石层——砂岩、泥石、煤炭——对于所有这些，矿工都知道，但尚未被科学描述。沿着新的小道路线，他注意到这些地下岩层切开地表，并意识到他可以在整个县，甚至全国，以三维（立体）去跟踪缓缓起伏的岩层。他还有一个很大的洞察力，这种能力必将改变地质学和地球上生命的故事：**每一层沉积岩都含有独特的化石**。当一个人通过地层攀高时，从最低层推测是最老的岩石，到最高层推测是最年轻的岩石，岩石内化石组织随之更复杂，更像今天还在地球上存在的生命形式。

在英国，史密斯不是唯一对化石感兴趣的人。从18世纪中叶到19世纪中叶，化石收集掀起阵阵全国性热潮。某个阶层的许多家庭拥有可观数量的收藏品。史密斯的朋友本杰明·理查森（Benjamin Richardson）牧师是个典型的业余化石爱好者。在他的巴斯镇的家里，他收集了一批显赫的化石，他非常典型地按品种安置全部化石：所有菊石在一个架上，所有的海百合类在另一个架上，依此类推。史密斯看了一下他朋友的收集品，并义务地以适当的地层学顺序来摆放，将最老的化石汇集放在底部，而最年轻的放在上面。他这样做，使理查森十分惊讶。

史密斯不知道为什么不同地层的化石会变化。虽然他是一位神学的不可知论者，但他没有进化论的概念。对他来说，最重要的不是化石为什么不同，而是如何使用这些不同来在宽广的地质范围去确定地层。作为18世纪给19世纪指出的路径，他设想该项目将成为他人生中取得的最高成就：一张英国的地质图，在图上每一种暴露于地表的岩石将标以不同的符号和色彩。

史密斯的完整的第一版地图，大约6英尺×9英尺（1.83米×2.74米），分别印在15张纸上，在1815年面世，名为《英格兰、威尔士和部分苏格兰的地层描绘》（*A Delineation of the Strata of England and Wales with part of Scotland*），它展示煤炭和矿山、湿地和沼泽，原来这些被大海覆盖着，以及根据在下面地层改变而改变的各种土壤。用大多数描述性名字来表明，该图由威廉·史密斯编辑，于1815年8月1日出版（见图3-6）。共印400份地图，已知约有40份被保留，每份价值无限。我不能希望拥有原件，史密斯地图的海报复印件可从英国地质调查局得到，我自己拥有这个地图。将史密斯与现代英国地质图并列放置是有益的。这巧合是引人注目的。自从史密斯出版他的地图，过去了将近两个世纪，数千地质学家的足迹曾遍布于英国的每一平方寸土地，记录了地质每一个细节。当地图还是并排展出时，人们意识到史密斯都亲自介入全部工作，并使得第一次出版时大部分是正确的。

使用史密斯的地图或现代地图，就很容易计算出我沿子午线漫步的地层的立体分布，按赫顿和赖尔的原则，去推断这一部分地球表面上普通历史中的一些事情。在过去，当世界的这部分表面被海淹没或几乎淹没时，白垩、砂岩、泥浆和黏土被置放在水平床上。由最少的化石组合确定的最古老的地层是威尔德中部和剑桥北部的地区的沙石和泥石。由于这些沉积床是沉积在侏罗纪和白垩纪早期（2亿到1.4亿年前）下陷的盆地上，所以伦敦地区位于海上，由陆地沉积物传送到沉积盆地而成。后来，沉积停止了，整个地区覆盖着温暖浅海，白垩便沉积在海中。随后，该地区被挤压，并沿东西轴线缓缓折叠。这些古老的地层中的部分向上折叠（例如，威尔德的白垩层）被侵蚀掉了。而其他部分向下推进（伦敦地区或英吉利海峡）接纳更年轻的沉积物。所以，今天沿着本初子午线从皮斯哈文漫步到剑桥时，我做了一个向后的旅程，然后向前，然后按地质时间再后退，其间经过了几天在空间的旅行，但在地质时间上已迈过了数亿年。

图 3-6　1820 年威廉·史密斯的新英格兰和威尔士地质图，1820。

威廉·史密斯不知道他那样准确绘制的这些岩石需要多少年沉积，也没有理解英格兰古地理学的细节，但他肯定了解过去的故事，就像当年普莱费尔和霍尔与赫顿站在西卡角时那样深入地看到了时间的深渊。为了坚持搜集数据，整理和出版地质资料图，起初，除了麻烦外，史密斯没有任何收获。在阶级分化的英格兰，作为一个铁匠的儿子，他经常遭到伦敦地质学会绅士派头的精英们的故意冷落。他的地图的伟大成就被地质学会出版的一张地图削价竞争，而这张地图在很大程度上是抄袭史密斯的地图。他的财务每况愈下，并一度结束（职业）作为债务人而进监狱。

但是最终这一切被证明是正确的。伴随产业革命（来自海峡对面的革命思想），一个新的、具有实用头脑的中产阶级的男男女女崛起，他们不会看不起史密斯那样的人。在他的晚年，这个继承绰号“地层”的史密斯被传唤到伦敦，接受地质学会颁发的第一枚沃拉斯顿奖章（Wollaston Medal），学会授予的最高荣誉（今天该项荣誉相当于一个地质学的诺贝尔奖）。史密斯获奖的年度是1831年，而在英国的另一部分，一个年轻的新企业家阶层的儿子，查尔斯·达尔文，虽然没有作为一个职业医师或教士的意向，但正在认真地思考自己一生做什么好呢。

第4章

人类的古代

当查尔斯·达尔文（Charles Darwin）和艾玛·达尔文（Emma Darwin）买下那所房子时（那所房子在伦敦南部16英里处的当村〈Downe〉，后来成了他们的家，他们在那里住了40年），查尔斯的最早的环境改善方式之一，就是把那些燧石从那个属于他的地产的白垩草地里清理出去。步行穿过英格兰白垩的北唐斯（North Downs）或者南唐斯（South Downs）的任何耕地，拳头大小的小块的纯而硬的黄色硅石（二氧化硅，常称为石英）是普通的挡道的东西。我看见，在布莱顿（Brighton）附近英吉利海峡（English Channel）旁边的悬崖那里，它们点缀为白垩中的暗层。在唐斯（Downs），我沿着那条路径前行，不时地被绊倒。那些燧石从化学上来分析与白垩甚为悬殊，而它们存在于那本来纯净的碳酸钙中、长期以来成为一种地质的奥秘。似乎最合理的现代解释是硅石小块起源于长在海床上的硅质海绵及海中其他硅质的微体化石。当这些有机体死去后，它们的物质溶于海水中并分散在碳酸盐软泥内部，然后在称为石化作用的过程中围绕其他的生物遗体沉淀下来。例如，石化海胆可能是在耕地的燧石结核之间发现的。对于达尔文来说，那些硬石是农业的一大麻烦，它们是一个有待解开的谜。今天，他的故居已经修复得非常好，许多燧石排列在达尔文书房的桌子上，当年那些燧石就可能已经排列在那张桌子上，而达尔文就坐在它们旁边沉思它们的含义。

那所房子被称为“当屋”（Down House），是按“当村”的名字命名的（在达尔文一家搬进来之前不久，该村名Down之后加了一个e）。极少家庭与一个居民毕生的事业更亲密地息息相关，而我在子午线上行走时对那里（在经度0度至3～4分之间）进行的走访是一次对一个科学圣地的朝圣。达尔文在这里生活和工作，生活在一个幸福的大家庭中，与科学城伦敦的拥挤喧嚷声隔绝。在他从他在英国皇家海军军舰“贝格尔”号（HMS Beagle）的5年环球航行回来之后，他的后半辈子遭受着一种神秘的使人衰弱的疾病的折磨，这种病可能部分是身心失调；然而，他完成的事业超过大多数自夸身体健康的人。他的家、花园、温室、鸽房和周围的土地就是他的实验室，在这里他勤勉地收集了证据，来印证一个伟大的想法，这种想法在“贝格尔”号航行期间就生根在他的心中：生物通过自然选择而演变。

自然选择的想法并非始于达尔文。他的祖父伊拉斯谟斯·达尔文（Erasmus Darwin）就是初步具有那种生物演化想法的科学家之一。然后，在1858年，在他对他的理论研究20年之后，查尔斯收到博物学家阿尔弗雷德·拉塞尔·华莱士（Alfred Russel Wallace）的一篇论文，提出了一个相同于达尔文自己的假设。这种突如其来的意外变化，促使达尔文仓促地将他的伟大的论著付印。《物种起源》（*On the Origin of Species by Means of Natural Selection or the Preservation of Favoured Races in the Struggle for Life*，原书名含义为《论生存斗争中通过自然选择或有利种族的保存的物种起源》）于1859年11月出版，顷刻之间受到科学界的称赞和众所周知。尽管其中心思想与华莱士的想法吻合，但达尔文积累的资料强有力地证明了通过自然选择的进化，因此这种想法从此被相当适当地称为“达尔文主义”（Darwininsm）。

达尔文在生物学上的成就像赫顿（Hutton）、史密斯（Smith）和赖尔（Lyell）在地质学上的成就：他提出了一种自然机理来说明在他以前一直被解释为神造物的人为干涉的现象。这个理论本身简单明了：（1）物种是可变的；（2）在繁殖期间保持变化；（3）个体产生多于人类生存需要的后代；（4）那些最能适应环境的个体将会更能生存和繁殖，从而将它们的特性传递给继承的世代。事实上，通过自然选择进化的想法如此简单，以至于达尔文的朋友和拥护者托马斯·赫胥黎（当然还有其他人）大概会感到奇怪：为什么他自己就没有想到呢。

为什么是达尔文提出进化论？甚至在年轻时查尔斯似乎已经天生具有一种观察能力而无须先入之见。他没有真正想成为一名医生，像他的父亲和他的哥哥那样，因为他见到疼痛就难受。（在那些日子里，麻醉医师对他们的病人的痛苦无动于衷。）在“贝格尔”号航行期间，他对生物的天生的同情心使他成为一位极佳的观察者。年轻的达尔文也曾考虑要成为一位教士，但是随着年龄的增长，他越来越怀疑基督教为什么要劝阻他走那条路。他脱离基督教教义，加强了他作为一个不偏不倚的自然界观察者的技能。当时机来到，被录取为“贝格尔”号舰5年航行常驻的博物学家时，达尔文欣然接受这次机会。那将会是确定他的人生的经历。他在这次航行中看见了一切，他看到了新事物，唤醒了他的心灵，知道了新的可能性。

当然，研究自然选择的一个先决条件是时间——需要许许多多的时间——这要由地质学家们来提供给达尔文。达尔文在“贝格尔”号舰上随身携带的那部著作的作者查尔斯·赖尔（Charles Lyell），后来成为他的朋友和知己。当屋非常适合于达尔文对地质学的兴趣。他当然知道威廉·史密斯（William Smith）和其他人是怎样说明英格兰东南部褶皱地层的，他还知道吉迪恩·曼特尔（Gideon Mantell）的化石发现。在达尔文的巨著《物种起源》（*On Origin of Species*）中，他描述了他满意的步行中某一次的经历，他走到离当屋南部几英里的白垩悬崖的边缘，从威尔德（Weald）森林地带上方眺望南唐斯（South Downs）20英里（32.2千米）外的反光的白垩悬崖。他站在那里，想象当年必定是白垩和砂岩隆起的巨大的穹隆被腐蚀而造成这么宽的谷地（见图3-5），这一切都是在较近的地质时期。他估计，那个消失的地层原来可能有1 000英尺（305米）厚，而按目前的剥蚀速度可能经过3亿年风雨而侵蚀了这些岩石。他写道：“我对此作了这些陈述，是因为它对于我们获得关于那流逝的年代的某种概念极为重要，无论多么不完善。在这些年的每年中，在全世界，陆地和水体已经被大量的生物所栖居。经过了数不清的世代，心灵无法将其抓住，必定上下传承无数年。”

在我自己走访当屋后，我走过一些乡间小路和人行道，来到达尔文当年可能站在北唐斯边缘地带的那个地方，并让我自己的想象力重建呈现在我眼前的那个河谷的地方、一度存在的那个巨大的岩石圆丘。由于达尔文和他的同时代人的研究，我的心灵便可以容易地抓住“这漫长的年代”。由于最近土木工程的一项壮举——英吉利海峡隧道（Channel Tunnel，简称Chunnel）工程，我的想象可能比达尔文想象白垩谷低于英吉利海峡而再度出现在法国更清晰。这些地层的最低层是一个75英尺（23米）厚的含黏土的白垩泥灰岩，是用于隧道工程的一种优质材料：坚固，不透水，容易被钻孔机穿透。英吉利海峡隧道的路线从英格兰到法国几乎完全是在这个地层内部，位于海底200英尺（61米）以下，平缓地跟随着那褶皱的岩石路线行进，已证实正是在那里，史密斯（Smith）、赖尔和达尔文仅在他们的心目中看见了。

当达尔文从“贝格尔”号舰航行归来时，刚好27岁，他按他的方法论考虑了婚后生活的利弊两个方面。他终于按照有利因素做出决定，打算同艾玛·韦奇伍德（Emma Wedgwood）订婚，她是他的亲表妹和儿童期的同伴，可谓青梅竹马。在他们订婚期间，达尔文告诉他的虔诚的未婚妻，关于他对基督教的启示不断增长的怀疑。他已经看见关于古代人的生活足够的证据，从而通过起源得知这个世界比数千年的时间长，而且他看见了在自然界中足够的天生的残酷，从而怀疑一个全能的敬爱的上帝的存在。他还怀疑断言的死后灵魂的生活。

艾玛的宗教信仰是一件心事，而非理智问题。她最难承受之事就是，查尔斯通过他的怀疑而断送了他们天堂团聚的机会。在他们的整个婚后生活里，他们的宗教上的差异就像在他们之间躺着一条黑影儿，但是各方皆尊重对方的信念。他们共有10个孩子。（老三，是一个女儿，只活了三个星期。）在1851年，达尔文的长女、珍爱的孩子安妮，在10岁时就死了，据推测死于肺结核。在安妮患病期间，达尔文日夜在她的床边守候。她的死亡对他的关于自然界的无是非观念和一切生物为生存而斗争的进化概念给予了深刻的含义。

安妮之死是对艾玛的信念的检验，也是对查尔斯的怀疑的检验。在那时，基督教徒广泛保持的一个观点就是死亡起因于“罪”——要么是受害者的罪，要么是别人的罪，要么是亚当的罪。可以很肯定地说，艾玛并没有责怪安妮。如果她觉得查尔斯叛教，她也不会那样说。由于上帝不会造成“恶”，她便假定安妮之死必定是以某种神秘的方式意味着“善”。查尔斯不相信在安妮之死的后面有任何神的目的。对他来说，死亡是一个纯粹自然过程，是人生的机器的一部分，驱动进化朝向“非常美丽的无尽的形态”。对于安妮之死，他得到的唯一的安慰是在她简短的人生期间，他从来没有对她说一句刺耳的话。他感到伤心的是他可能对她的死负有责任，不是由于他对神学的怀疑，而是由于遗传因素；他一辈子多病。

达尔文相信，人也是动物，像所有的动物一样，他们也不能摆脱生存斗争，听其自然，弱者淘汰。安妮去世 26 年后，罗伯特·科赫（Robert Koch）博士拍摄并发表了第一张一个细菌的照片，那是肺结核病原体，从而证实了病菌学说。如同查尔斯所推测，安妮死去，而另外的生物可能活着。但是人类可以逃脱那无情的自然选择的逻辑，达尔文坚信这一点。通过亲切地照顾病人和弱者，我们可以把我们自己从我们的动物本性向上提升。

达尔文在安妮的床边照料是坚定不移的。他从来不怀疑我们的职责是爱护优势最小者——他称它为“我们的自然界最高贵的部分”，而强烈反对所谓“社会达尔文主义”——将强者的自然规律用于人事。他的女儿死后，他断然坚定地把热爱的上帝这一概念抛之脑后。他发现自然界的造物主从今以后是“一个影子似的、不可思议的和残忍的形象”。达尔文自己远非影子似的、不可思议的和残忍的。他胸怀坦荡，亲切慈祥，甚至在他丧亲之痛中他仍旧看见“自然界的面貌明亮而高兴”。

零行
度走

从达尔文的当村向北走，陆地平缓地向下通向伦敦和泰晤士河河谷。白垩地层降至伦敦地面以下，比表面地形陡峭，有向下的褶皱白垩形成的自然的碗形充满着伦敦盆地最近的泥泞和黏土。白垩再次上升到这个城市北部和东部地区的地表，在萨福克（Suffolk）县和诺福克（Norfolk）县发现了的最大面积的白垩露出地面。

在 1868 年的夏天，几乎在《物种起源》发表后 10 年，英国科学促进会在诺维奇（Norwich）镇举行年会，这个镇在伦敦东北部 90 英里（145 千米）处，就在诺福克白垩的边缘。在那次会议上，托马斯·亨利·赫胥黎（Thomas Henry Huxley，1825—1895），他的时代最伟大的自然哲学家和达尔文自然选择新进化论的好斗的拥护者（达尔文的斗士），发表了一篇题为“论一块白垩”（On a Piece of Chalk）的谈话。他的听众是这个城镇的普通工人，他的主题简单而有趣。这个城镇建立在同样软而白的岩石床上，这个岩石床沿着我以庄严的节奏行走的子午线起伏。听众中有一些木匠可能在他们各人的口袋里带着一块诺维奇镇的白垩。

从他手上拿着的一块白垩，赫胥黎简要地讲述了一个关于茫茫咸水的大海的令人惊讶的故事：那个大海曾经位于英国，而且海里曾生活着惊人数量的微观生物。赫胥黎对他的听众说，这些小动物的钙质骨骼沉积在水底沉积物中，最终紧密结合成白垩。那些微观的骨骼，具有一种极好的几何学复杂性，经常完美地保存着。

在其 11 年前，英国海军部委任赫胥黎的朋友约瑟夫·戴曼（Joseph Dayman）船长用声波沿着拟议中的大西洋海底的电缆测量大西洋的洋底。戴曼从爱尔兰的瓦伦提亚启航，来到纽芬兰的三合一海湾（Trinity Bay），测量海的深度并检索洋底泥的样品。深海沉积物的这些样品提交赫胥黎用于科学鉴定。赫胥黎向他的诺维奇镇听众保证，由现今海洋的海底增长起来的那些沉积包含着保存在诺维奇镇白垩中的那些种类的微观生物。他说，在那里你们看见同样的效果。有理由认为那是由同样的原因形成的。如果诺维奇镇白垩中的化石类似于在现今海洋的泥泞深处（而不是在世界上其他地方）的那些生物，就有理由认为这白垩一度是海底沉积。

在诺维奇镇的白垩床有好几百英尺厚。“我想你们会同意这个看法的，”赫胥黎对他的听众说，“堆积成那么厚的大块，直径为百分之一英寸的微生物骨骼必定经过了若干时间。”多长时间？埋藏在那白垩内部的是高等动物的化石，有珊瑚、腕足动物、海胆和海星的化石，总共有 3 000 多种水生动物。在这些化石中有某些古怪的结合物，例如，一个珊瑚覆盖着的甲壳类动物附着于一个海胆上。这里是对于白垩海的年龄的一种暗示，赫胥黎解说了这个故事：

海胆生活在海底，从幼年期到成熟期，然后死去并失去它们

> 的脊柱，被冲走。甲壳类动物附着于赤裸的贝壳上，不断相继生长和死亡。最后，构造珊瑚的生物覆盖着甲壳类动物和海胆，同生同死。所有这一切展现出来，然后缓慢积聚的沉积把这些生物包在一两英寸的白垩泥中。

赫胥黎轻而易举地就推论出最少需要几十万年时间使白垩床沉积好几百英尺厚。

但是赫胥黎关于这么久远的时间的故事尚未完成。耶尔河（River Yare）在流过诺维奇镇的地方，穿过沙质黏土而露出白垩。因为黏土躺在白垩上面，它必定是在较后的时期沉积的。在黏土和白垩之间有一层植物性的物质，包括树桩化石，那些树原先就在那里生长——枞树具有它们的圆锥体和长有坚果的淡褐色矮树丛。显而易见，那白垩必定是从森林可以在其上面生长之前大海的海床上升起。一个更令人惊奇的现象是：在树的圆荚中有象骨化石、犀牛骨化石、河马骨化石，以及其他的野兽骨化石，那些野兽曾漫游在古代的森林里。在森林之床的上面，在海成黏土内部点缀着的是海象化石及其他冷水海洋生物化石，现在仅仅在北方的有冰的水域中才能找到。

大海成为陆地，陆地成为大海，现在大海再次成为陆地！这是由于惊人的气候变化。是什么原因强制造成这样使人眼花缭乱的变换？赫胥黎不知道，而且坦然承认他毫无所知，在这点上他愿意说“我不知道”。他体现了现代的科学精神。但是他的确知道，诺维奇镇岩石证据“迫使你相信地球，从白垩时代至现今时代，一直是一系列变化的舞台，数量巨大而进展缓慢”。

诺维奇镇的工人联合会的成员听到关于他们的城镇的历史的这个戏剧性的新鲜事该会多么惊讶啊！赫胥黎的演讲“论一块白垩”流传至今，我们将其看成是一个短篇的经典科学说明，今天仍然像在1868年那样具有科学性和知识性。他没有向他的听众发表长篇大论。他没有磨碎任何的神学斧头。他只是让他的听众注意岩石，并让岩石自身来说话。

赫胥黎和达尔文彼此大加赞赏，但是两人性格大不相同。达尔文是内向的；他厌恶论争。预期他的巨著可能造成轰动，也许是他推迟出版的一个原因；那甚至可能加重了他的疾病。相形之下，赫胥黎喜欢吵架。正是赫胥黎在1860年英国科学促进会牛津大学会议上顶撞主教塞缪尔（“索皮·萨姆”）·威尔伯福斯（Samuel〈“Soapy Sam”〉Wilberforce）。达尔文刚刚发表的著作讲的就是那次集会。尽管达尔文将人类置于《物种起源》之外，但他的确在他的著作结论中简要地表示：“人类的起源和他的历史将会有许多新的发现。”这句调笑似的脱口而出的话的含意足够清楚了，而威尔伯福斯主教让那确立的（神的）创造的旨意指责这突然跳出来的想法：人类可能不是上帝的一个独特的创造物。在他的陈述中讲到一个问题时，这位牛津主教转身朝着赫胥黎（他站在讲台代表达尔文），问道：“那么从他（达尔文）的祖父或者他的祖母来说，他的老祖宗是不是一只猿。”那正是这位开朗的赫胥黎所需要的提问，于是他站起身来表示：他宁愿他的祖先是一个可怜的猿而不是一个人，他可能使用他的巨大的能力和影响对付嘲笑。这个回答博得全场喝彩，并为赫胥黎赢得“达尔文的斗士”（Darwin’s Bulldog）的绰号。

当赫胥黎把这场战斗向前推进时，达尔文仍然待在当屋而与外界隔绝，在编写和发表关于下列内容的著作：《兰花借助于昆虫传粉》（*The Fertilization of Orchids by Insects*）、《攀缘植物的运动》（*The Movement of Climbing Plants*），以及《动物和植物在家养下的变异》（*The Variation of Plants and Animals under Domestication*）。最后，他着手研究长期被推迟但是必需的项目，并将自然选择的原理应用于人类进化。《人类的由来》（*The Descent of Man*）于1871年发表，旨在更新公众的论争，不过当时大多数科学家已经被争取过来支持达尔文的观点。

看来有更多的东西比纯粹的科学更成问题。《伦敦时报》简洁地说：“如果我们的人类只是畜生的能力改变的天然产物，那么大多数最热心的人是否将不得不放弃他们希图度过建立在一个错误上面的高贵而有效的人生的那样想法?”《伦敦时报》关于明白的男女科学家也许怀疑他们以前的善恶因果报应的想法是正确的——但是该报相信只有经常上教堂的基督教徒也许愿意过着高贵的和道德高尚的生活则是错误的。经常上教堂的基督教徒发起并支持贩卖非洲奴隶，这是本世纪（19世纪——编注）的最大的道德败坏。达尔文和赫胥黎二人都是不可知论者，但他们都发现了过着道德高尚的生活的充分的动机，而且两人都坚定地站在渐进的社会变化和渐进的政治变化的观点一边。

当然，《伦敦时报》担心渐进的社会变化和政治变化。19 世纪中叶是整个欧洲大陆的一次社会大变革。旧的阶级结构被解除了，继承性的特权被抛弃了，君主政体和教堂的权力遭到挑战。在英格兰，确立的权力感到处于四面楚歌。新兴的工人阶级挤进了工业城镇，动荡不安。英国国教教堂——那个王冠和特权的大支柱，相当懂得一旦现有秩序的神造起源受到怀疑，整体卡片式的房子可能会坍塌。

古代社会秩序的哲学支柱是所谓的“巨大生物链”（Great Chain of Being），是一个推想的生物梯子，从上帝宝座的脚下伸出来穿过天使的领域而达到人类，人类站在物质存在的顶端，再向下通过各种各样的动物和植物物种，以至无生命的物质到地球的渣滓。每个生物有一个预先注定命运的梯子的位置。国王被神权所支配。特权来自上帝之手。铁匠的子辈就是指铁匠的子辈，正如威廉·史密斯（William Smith）不幸地发现的那样，并对一个铁匠之子表示悲痛，这个铁匠设法与伦敦的精英们密切交往。由于玛丽·安宁（Mary Anning）是女性，注定要把科学的优先权和特权让给男人们。当然，全部的体系都充满伪善；威廉·史密斯（William Smith）在地质学会的大敌是乔治·贝他斯·格里诺（George Betlas Greenough），一个富有的花花公子，他成为这个学会的第一任主席。他煞费苦心地隐瞒事实真相，他的祖父使家庭走好运是因为贩卖一种江湖医生的药剂，称为“格里诺肝丸”。

现在达尔文出来使确立的特权梯子令人怀疑。他说，天地万物不是铸铁连接的一个垂直的链，而是一棵活的、进化的系统树。在自然界中任何生物的位置并不是通过神的许可而规定的；这个生物网是在自然力量的作用下编织和再编织而成。当然，这种形成过程可能不是那个情况。达尔文从前在剑桥大学的地质学教授、亚当·塞奇威克教士（Reverend Adam Sedgwick）甚至责备社会范围的法国大革命竟具有像物种演变那样的“恶劣的（而我敢说是污秽的）观点”。剑桥大学和牛津大学是英国国教徒特权的堡垒；塞奇威克写道，允许物种改变，你就“破坏了整个道德的和社会的结构（带来）不一致和在其序列中造成致命的损害”。甚至达尔文知道他的想法在政治上具有破坏性。在某种深度的情绪的范围内，他也许感到他对他自己的较有特权的阶级是一个叛逆者，而这一点，像任何事一样，也许是他的身体受折磨之源。

当赫胥黎对诺维奇镇的工人们演讲时，他无疑地把他自己看做是一定程度上的福音传道者，给大众带来一种新的福音。但是他并不怕一根含信息的搅拌棒可能会立起来在这个国土上造成混乱。通过把科学知识向大众传播，他寻求道德的改善、普遍自由、平等、友爱，以及一个新天堂和一个新的地球。当然，长期以来，像我们大家一样，赫胥黎努力搞清楚一个有时是非常残酷的世界。就达尔文而言，他对科学探索的慰藉的信念是通过他的掌上明珠（他的爱女）的死受到沉痛检验。家庭的悲剧和当时社会和经济的震荡，有时把他带到绝望的边缘，没有欣慰的死后灵魂的许诺来稳定他的病情。他心中感到如此亲切的科学促进，在他进行亲自的试验时给他提供些微的安慰，也没有迎来他如此期盼的普遍的和平与繁荣的时代。托马斯·亨利·赫胥黎得到了世世代代的人应该吸取的一个教训。承认无知，面对存在于自己的两只脚上的奥秘而无需真实信念的支撑，则要求勇气，要求多于我们大部分人愿意或者能够鼓起的勇气。

“你是黑暗，我来自黑暗，我爱你超过人世间所有的火。”诗人雷诺·玛利亚·里尔克（Rainer Maria Rilke）写道。那是一个古怪的想法：人们竟然爱黑暗超过光明。我们大多数人想要一清二楚地知道我们的起源的故事，被某种光所照明，我推想，那就是为什么我们那么多人强烈地认定我们的祖先是人工创造的神话。达尔文、赫胥黎和他们的同人们挑战那些古代的故事，那么他们提供了什么内容？本质上是黑暗。通过自然选择的人类进化的主张，主要在于环境证据。没有任何神的启示可以证实它的准确性。达尔文的《人类的由来》的含义是人类和猿共有一个祖先——这是沃费伯（Wfiber）主教所讨厌的说法（force’ s bete noire）——但是无论祖先是谁还是其他的什么，可能永远一去不复返了。

尽管我们渴望了解特殊性，但是自从达尔文时期以来，已经使一件事情非常清楚了：我们实际上陷入泥坑已到了颈部。无数个细菌待在我们的内脏里。螨虫悄悄地进入我们睫毛的丛林。病毒在我们的血液中游动。我们完全依赖植物从太阳获取能量。数不清的微观海洋生物保持着我们呼吸的空气。所有这一切都是清楚的。那么黑暗是什么，40 亿年的隐秘历史——有耐性的工艺的复杂性是什么，长期展现的多样性是什么？按照遗传学家的观点，人体的每个细胞能记住几十亿年：我们与其他的灵长类动物共同具有我们的大部分脱氧核糖核酸（DNA），与臭虫和藤壶共同具有我们大量的脱氧核糖核酸。

达尔文说，我们同地球上的每个生物通过共同的血统而互相关联。因此我们寻找证据。我们把沉积岩沿着它们的接缝分裂开来，把经历几百万年，或者几十亿年的黑暗化石发掘出来，露在光中。就像最近打开的埃及人的坟墓内壁上的象形文字，化石就是我们的过去的一种记载，而这种记载比许多人认识到的更详细。来自距今 2 亿年侏罗纪石灰石的某些蜻蜓化石表明了那些精巧的网状翅膀的每条翅脉。从意大利南部白垩石灰石沉积发掘出的一个幼态兽脚亚目食肉恐龙化石例外地保存了软组织：肌肉、内脏以及可能是肝的痕迹。中国和美国的古生物学家发现了声称是微小动物的胚胎，发掘自中国南部 5.7 亿年的磷酸盐沉积，还有在细胞分裂最早阶段的受精卵：一个细胞，然后两个、四个、八个、十六个，等等。

但是关于化石的记载是难免不完全的。地壳看起来像一个巨大的百科全书，其中只有几页已经打开。古生物学家理查德·福提（Richard Fortey）写道："过去被不断地擦掉，而最远的时代的记载仅仅由一连串的次要的奇迹而存在。"例如，显然是在一个浅泻湖断气的那个意大利兽脚亚目食肉恐龙是被含氧量低的细粒的泥土快速覆盖，这是详细保存软组织的两个必要条件。

关于地球的过去的很少章节能像玛丽·安宁探测侏罗纪海浪那样充分地予以记载。（在伦敦的"自然史博物馆"里，存放着她〈搜集〉的许多化石，你会觉得好像一个是在那个古代的海浪中游泳。）达尔文坚持认为，人与安宁的鱼龙和蛇颈龙相关，不过比较久远。他推想，更令人不安的是，其他的灵长类动物——黑猩猩和猩猩是我们亲近的堂兄弟姊妹。他说，在比较近期的过去的某处，我们和猿共同具有一个祖先，一种生物既具有人类的特征也具有猿的特征。那么什么地方是所谓的缺少的环节？岩石是寂静的。

因此调查在继续进行。

由于幸运的机会，我沿着本初子午线行走，将我带到皮尔当（Piltdown，又译辟尔当。1912 年在英国皮尔当发现头骨，当时认为是史前人类的化石，1953 年经鉴定为伪造——译注）的苏赛克斯村（Sussex Village），这是比一个乡村的十字路口大不了多少的地方，但是这个地方在探索人类祖先中充当了一个臭名昭著的角色。我停下来在皮尔当人（Piltdown Man）酒吧喝一品脱（0.57 升）啤酒，从它的标牌看到一个头骨化石，一只闪光的眼球向下看，穹隆的头额，显出顽皮的傻笑（见图 4-1）。1912 年之前，这个酒吧称为“羔羊”。然后一位名叫查尔斯·道森（Charles Dawson）的业余地质学家和考古学家在挖掘附近的一个沙砾坑时获得了一个非凡的发现：一个人类头骨的碎片。道森得到大英博物馆自然史分部（现今自然史博物馆）地质管理员亚瑟·史密斯·伍德瓦德（Arthur Smith Woodward）的帮助。他和一个年轻的耶稣会会员、古生物学家德日进（Pierre Teilhard de Chardin）一起，搜索这个坑的另外的遗物。这个头骨的更多碎片被挖掘出来——这些碎片明确地显出是人类的，还有一个似猿的颌骨。在附近发现了其他的兽骨和牙齿以及原始的手斧，还发现一个象的股骨制作的器具，像一个早期的板球棒——这些发现公开后，英国新闻界十分欣喜。由之发现化石的沙砾床至少有 10 万年的历史，也许有 100 万年的历史。当道森和伍德瓦德向地质学会宣布他们的发现时，在新闻界引起了轰动。他不但发现了进化史长期缺少的环节，而且他是英国人！

那是一个似人类的头盖骨和一个似猿的颌骨。俗称皮尔当人（Piltdown Man，其学名为 *Eoanthropus dawsoni*，即 Dawson's dawn man，道森的曙人），精确地说是猴子和人类之间的桥梁（过渡型），这是达尔文所预期而威尔伯福斯（Wilberforce）所蔑视的——缺失的一个环节。现在谁还会否认人类的祖先与猿有亲和性？对于人类进化的英国的拥护者来说，皮尔当人头骨几乎好得令人难以置信。当然，它好得令人难以置信。从最初就有怀疑者，

图4-1　皮尔当人酒吧，皮尔当。

除大英博物馆本身之外，事实上这个科学形成过程的每一刻钟都有怀疑者。尤其是美国和法国的古生物学家，大声疾呼地怀疑那头骨和颌骨是否属于同一个个体，并指出，所称人类祖先颌骨和一个当代的黑猩猩的颌骨非常相似。甚至伦敦国王学院的一位教授认为那个颌骨可能是一个黑猩猩的颌骨。但是伍德瓦德、道森和他们的支持者坚持守住他们的大炮，向怀疑者放出壮观和威慑的连发炮弹，而可怜的皮尔当人——与他的人类头骨和黑猩猩的颌骨摇摇晃晃地通过人类学教科书达40年，不过日益难以为他在非洲和远东发现的其他原始人类（人类祖先）化石中找到一个位置。最终，越来越多的英国古生物学家将他们的声音增添到那怀疑论的膨胀的合唱中。

最后，在20世纪50年代，乔·维纳（Joe Weiner），一个南非生理学家，在牛津大学担任人类学高级讲师之职，敢于大声说出别人仅仅耳语的词：**欺骗**。一点点认真的调查研究，真实情况便突然出现。这个人类头骨碎片是较为现代的。那个颌骨是一个猩猩的颌骨。那些骨头已经修整，甚至染了色，使它们看起来确实像是古代的，好像它们属于一个整体。皮尔当人再一次成为一个国际的轰动事件：出色的科学家们已经成为欺骗的牺牲者，英国首位的科学博物馆受到愚弄。那著名的失去的链接根本就不是链接，而那些坚定认为人类是特殊创造物的人高兴得幸灾乐祸。

是谁在进行欺骗？道森自然是一个嫌疑人。他在1916年死去，不久以后，皮尔当人便在世界上销声匿迹了。有些人指责德日进的罪过，他于74岁时去世，仅仅在这次骗局“曝光”几年之后；他的动因大概就是向他的英国同人开一个法国式的玩笑，这个玩笑弄得人们晕头转向。乔·维纳的孙子休·迈尔斯（Hugh Miles），于2003年在（伦敦）《星期日时代杂志》（*Sunday Times Magazine*）发表文章，针对查尔斯·查特文（Charles Chatwin）提出了一个有说服力的实例，查特文是自然史博物馆的一个年轻的职员，他对他的非常不得人心的和独裁的老板亚瑟·史密斯·伍德瓦德的领导恼火。迈尔斯说，查特文的动因是要使浮夸的和易受骗的伍德瓦德为难。他得到另一个年轻的职员马丁·辛顿（Martin Hinton）的帮助，并得到道森有意的和无意的帮助，他们引发一个恶作剧，随后变成了一个全面的骗局。

像我所写的那样，自然史博物馆自从皮尔当人的骨骼遗存在20世纪50

年代被仓促地塞进地下室后第一次展出。回想起来，整个皮尔当事件似乎像是一个滑稽剧，但是那是在“发现”的时候；而当这种欺骗曝光时，似乎成为问题。在人类起源的故事中，皮尔当是一个毫无结果的侧线。是科学家们弄成的骗局，而又由科学家们将其曝光。如果从这个故事得到教训，那么这些教训是双倍的。首先，甚至连科学家们也不能避免不受影响而倾向于相信我们想要相信的内容。第二，这个倾向更加像是泥瓦匠把我们的信念建立在经验证据的基础上，对怀疑论进行分类，同辈间进行评论，以及采用所谓科学方法的所有另外的认识论的工具。

零行
度走

很少有其他科学产生像古人类学——关于人类起源的科学这样强烈的论争。一部分是由于碎片的证据性质，一部分是由于相关的科学家的坚强的个性，一部分是因为人类起源的整个问题起因已经满载情绪的包袱，至少是自从达尔文的时代以来。然而，科学家们广泛同意关于人类祖先的说法，而骨头化石所讲述的故事通常被分子生物学所确认。近年来已有可能定量地比较人类和其他动物的脱氧核糖核酸（DNA）和蛋白质。例如，现代人与黑猩猩共同具有百分之九十九的相同的基因，黑猩猩看来似乎是灵长类动物中最相近的亲属。当然，这并不是说我们是黑猩猩的后代，而宁可说我们与黑猩猩有一个共同祖先，在我们的过去的某个时期和地方，大概在600万年~700万年前的东非。

现在已非常清楚，英格兰苏塞克斯郡决不可能是寻找“缺失的环节”的地方。例如，那里的地层要么太年轻，要么太古老，因而不可能与早期的原始人类同时代。英格兰最老的已知人类头骨，斯旺斯柯姆人（Swanscombe，根据英国肯特郡斯旺斯柯姆地方发现的头骨化石确定的一种早期人——译注）头骨，可追溯到仅仅大约40万年前。在伦敦博物馆（一个不同于自然史博物馆的机构）可以看到，作为存在于伦敦盆地的最早的人类的一个展品的一部分。这个头骨是在离我行走的本初子午线不远的地方发现的，是在泰晤士河旁边的砾石床中发现的，为三个碎片，先后三次分别发现的，在 1935 至 1955 年之间。现在存放在一个普列克斯玻璃橱内，像青铜制品那样反光，每次检验都是可信的。这个头骨属于一个 20 多岁的女性，她的脑力完全可以列在现代人的范围内。尽管她的骨头较古老，足以使她的物种早于智人，但她毕竟与我们自己没有多大不同。仔细地加工同样时期的燧石手斧，雄辩地说明复杂的智力的活动。

这个斯旺斯柯姆女子相对于露西（Lucy）来说是一个近期人类的祖先，露西是大约生活在 320 万年前东非的一个女性原始人类的相当完整的骨骼。今天，露西的骨头存放在埃塞俄比亚的国家博物馆里，在那里，她被标记为较为平凡的名称：A. L. 288 -1。但是在一部精彩的著作《从露西到语言》（*From Lucy to Language*）中，我们可以看到她的再现的图像，那部著作是她的发现者唐纳德·约翰森（Donald Johanson）与科学作者布莱克·埃德加（Blake Edgar）合著的，化石摄影师大卫·布里尔（David Brill）插图。这部著作的前半部，评述了古人类学研究的目标、方法和发现，配上了布里尔的照片。下半部称为“面对证据”，是一部家庭图册，是一项关于最重要的原始人类化石的很有价值的考察研究，每个头盖骨、颌骨或骨头碎片的采集品，衬托着黑色背景而以一种富含青铜铜绿而闪光。露西是这个图册的明星——47 块骨头，大约是一个完整骨骼的四分之一，足以使她在书页上栩栩如生。她是关于南方古猿（学名 *Australopithecus afarensis*）的一个很好例子，现在通常认为早于所有的或者几乎所有的后来原始人种。她的身体比 3 英尺（0.914 4 米）稍高一点，手臂较长。她直立行走，这是由 1976 年在坦桑尼亚累托里（Laetoli）发现的南方古猿的清晰的足印路线而被证实的。两个个体并肩行走，通过新的火山灰，也许是母子俩或母女俩；在某个地方，他们似乎暂停下来，回过身来向西部张望。在布里尔图册中翻印了其中的一个足印，这个足印显示出一个强壮的脚后跟的印记，纵向的，脚呈弓形和球状，还有大脚趾的一个深的缺口。几百万年来，累托里脚印使我们把我们自己的赤足放入那个足印之内，从而感觉到链接我们与露西的脚的祖先的键。

当我们翻阅露西家庭相册时，我们看到了一系列头骨或者部分头骨，它们带我们通过露西后裔的许多分支系谱图。其中一些个体属于那个已绝种的血统。其他的个体则最终繁衍为现代的人类，通过还不完全清楚的途径。尽管智人的精确家系仍然在激烈争论中，但是从那些照片可以清楚地看到总的发展趋势：当我们继续翻阅时，我们看到，那些头骨更加无疑是现代人的，更近似我们自己。我们的系谱图的证据是分散的，但是那些证据逐年在增加，更加长篇，它告诉我们的那个基本的故事逐年更加非常清楚。达尔文的有见识的推测就是勇敢的战斗精神的体现：我们是黑猩猩远房表亲。我们共同具有的原始的家，显然是东非的火山草原。

但是，还有另外一种方法来看那部家庭相册中的化石。每一个发光的头骨都是一个个体，都有独特的同一性。在豁开的眼窝的后面有一种显露的自我意识，不过我们也许从来就不知道那精确的瞬间：嘴唇首先形成“我爱你”，或者“我害怕”，或者“看那美丽的夜晚”。我们翻阅那图册的书页，向前翻，向后翻，寻找人类确实开始时的化石碎片。当粗糙的工具最初与那些骨头一起出土时，是否就发生了这样的事？或者当岩石的图画和雕琢的小雕像构成了他们的外观？或者有与殡葬品故意埋葬在一起的证据？或者是在早些时候，几百万年前，当一个南方古猿女性走到温暖的火山灰的田野时停下来，向西方望去，看到一个正在喷发的火山的危险时，紧紧地握着她的后代的手。温柔地、保护性地紧握一个孩子的手，在那黎明时分，可能就是我们家族史的那个时刻：我们成为不同于行星地球上每个其他的生物，奔向一个具有思想意识的、具有道德职责的和对宇宙持怀疑态度的人生。

零行
度走

可惜呀，可怜的英国化石搜索者。是英国人查尔斯·达尔文在他的《人类的由来》（*The Descent of Man*，1871）中极其强有力地论证人类祖先的古代，但是英国的地层在提供遥远过去人类的情况时证据却甚为不足。早在1857年，在德国的尼安德河谷（Neander Valley）的洞穴里发现了一个浓眉的头颅顶，不久在欧洲大陆到处都开始出土其他的“穴居人”的遗存。这些所谓的尼安德特人（Neanderthals）太像人类了，因而不可能是“缺失的环节”，然而他们在解剖学上却不同于现代的人类。当今普遍的一致的观点是，他们是一种更如野兽般的人类，笨重、多毛、厚颈——是我们较为苗条和文雅的身体的祖先。的确，英国的人类学家发现了石质工具和骨质工具，那表示在英国出现过早期的人类或者原始人类，但是那些生物制作器具仍然是难以理解的。仅当临近 19 世纪末时，号称尼安德特人的化石才从加利希尔（Galley Hill）的一个砾石坑里发掘出来，这个山冈在泰晤士河河畔的斯旺斯柯姆人的所在地附近，但是他们的远古尚未确定。那些骨头是放在河边与沙砾放在一起，还是他们是最近的埋葬物的一部分？（“加利希尔人”后来被证明是一个现代的女子，也许是一个绞刑牺牲者，那个山冈因谐音而得名。）难怪伍德瓦德和他的那些缺乏化石的英国同人抓住晚来的皮尔当人欣喜若狂而不加鉴别。

如果你通过国际互联网搜索“皮尔当人”或者“加利希尔人”，大多数的命中数（hits）就会是基督教徒个体或者小组坚持认为的地点，他们牢牢地抓住关于物种神造论起源的文字故事。没有别的什么比进化论者自我愚弄使神造论者更加欣喜。如果科学家搞错了：关于皮尔当人和加利希尔人，他们就会像乌鸦一样厉叫，那么他们也会把其他的事情说成是错的。当然，科学家也是人，也会像我们其余的人一样做荒唐的事。皮尔当和加利希尔故事所表明的是，科学家愿意改变他们的想法，如果证据证明他们错了，这种特性对于那些相信神传递的信息一经显示则永远是真理的人来说肯定是缺乏的。科学界普遍地支持人类后代的一种进化论的观点与任何单一的碎片证据的可靠性几乎没有关系，但是与采用从全局观点出发的方法有关，不仅包括人类学的证据，而且还有遗传学、化学、物理学、地质学、古气候学以及其他学科。

人类起源的故事，像我沿着我行走的那条子午线进行表述另外的故事一样，把我们带离我们的物种知识史开始的地方，和我们中间每一个人作为个体开始时的地方再远一步：也就是在空间与时间的推测的中心。即使当我们认出远古的我们的物种和我们的近亲到兽类，把我们自己看做具有特殊性的那种倾向会偏离我们的判断——尼安德特人的故事有精美的插图。

我自己对尼安德特人的描述是从我父母的书房里的一本图书开始的，是 20 世纪 20 年代出版的赫·乔·威尔斯（H. G. Wells）的《历史大纲》（*The Outline of History*）。书上有一个插图显示出一个尼安德特人的男性，他的面部枯燥而似猿，眼睛阴暗而斜视（见图4-2）。威尔斯写道："它的厚颅骨束缚它的脑，额头低，像野兽。"反映出当今的最普遍的意见。欧洲和亚洲西部许多骨骼残骸而使尼安德特人出名。很清楚他们生活在那些地方几十万年了，在高度冰河期间，只是在从大约3万年前他们的化石记载才消失了。按照威尔斯一代的标准故事，"多毛的"、"丑陋的"、"智力迟钝的"尼安德特人确实也许已被那敏捷的、眼睛明亮的、有智能的克罗马努人（Cro-Magnons，1868年被发现于法国南部克罗马努山洞中，是旧石器时代晚期新人的总称——译注）取代（见图4-3）；那就是，被我们自己的优等种族所取代。

图4-2　尼安德特人，选自H. G. 威尔斯的《历史大纲》，1920年。

图4-3　克罗马努人，选自H. G. 威尔斯的《历史大纲》，1920年。

但是，当然头骨和骨头碎片显示不出个性、理智、语言或者文化，而且关于尼安德特人的灭绝的起因也几乎没有显示出来。威尔斯将他的鉴定基于对智人的优越性的假定就像基于坚实的考古学证据。他讲科学，但是他的声音包含着蔑视推理。尤其要注意的是，当涉及尼安德特人时，他使用非人称代词"它"。

从田野里获得的最近的证据表明了一个相当不同的故事。

从几年前一个尼安德特人骨骼复原的线粒体脱氧核糖核酸（DNA）表明尼安德特人和现代人具有共同的血统，至少在50万年前就分道扬镳了，大概在非洲，那么他们是沿着平行线进化的。尼安德特人的祖先最终到达欧洲和西亚，在那里，他们在那冰河期的冰川边缘附近繁衍。显然，他们制作石质工具，遮蔽身体的东西（衣服）和栖息处（住所），用火，他们用装饰品装饰他们的身体，至少偶尔埋葬他们的死者。有环境证据表明他们关心老年人和伤残者。他们的脑像我们自己的脑那样宽敞。

后来，大约在4万年前，尼安德特人的领土被我们的直系智人祖先克罗马努人侵入。数千年来，人类家庭的两个分支并肩生活在一起。没有令人信服的证据证明混种；他们也许是单独的人种，不可能产生混种后代。由于某种原因，尼安德特人慢慢地湮灭；他们最后的防御阵地看来是在伊比利亚半岛（Iberian Peninsula）的南部。可能尼安德特人无法对抗他们的技术上较为先进的邻居，同样，巴哈马（Bahamas）本土的居民卢卡扬人（Lucayans）由于技术上较为先进的欧洲人的来到而从地球的表面消失。当然，尼安德特人的灭绝是人类历史的一幕大型剧——是故意的或者偶然的种内种族灭绝的一个毁灭事例——当然是由于智人造成的生物多样化最重大的损失。

历史是由优胜者来写的，正如纽约美国自然史博物馆人类学部主任伊恩·塔特萨尔（泰特萨）（Ian Tattersall）提醒我们的那样，尼安德特人的故事是由克罗马努人后裔为克罗马努人后裔的读者而写的。尼安德特人是失败者，没有比灭绝遭受的损失更不能挽回的。当威尔斯把尼安德特人说成是“丑陋的”和“智力迟钝的”时，他只是做了优胜者经常做的事。事实上，所有的人在所有的时代都把部落外的人或者其亲属视为某种次品。

历史可能是由优胜者所写的，但是优胜者也可以改变他们所写的内容。在塔特萨尔的《最后的尼安德特人》（*The Last Neanderthal*，1995）一书中，可以看到威尔斯更新重塑的尼安德特人的面部。这个新的尼安德特人有着宽阔的、古怪的眼睛和一个稍微发呆的面部表情。他可能是某个人的和善的祖父。让他穿上一件格子花呢衬衫和一件工装裤，他不会比城内公共汽车上一个同车的人吸引更多的注意。塔特萨尔对尼安德特人表示同情的观点，代表了当今一代的人类学家。他的叙述充满推理，必定像所有的人类学，但是他离开了他的路线避免使用带有偏见的语言并使证据有最充分的回旋余地。在塔特萨尔的叙述中，把威尔斯的故事里那粗野的次于人类者描述为克罗马努人暴力的温和而有智能的牺牲者。

见解的改变至少部分地是由于我们珍惜外来文化的方式发生了大的变化所推动的——同样的转变导致了对哥伦布和他的继承人的作用的重新评价：从野蛮人的宗教的救助者变为较少技术上禀赋的居民的消灭者。欧洲克罗马努人侵入者大概从来不对他们杀害那些土地上本土的和外来的尼安德特居民的权力（甚至责任）提出疑问。就杀戮而言，克罗马努人大概具有较好的技术。进化是一个决不回顾的竞争和牙齿与爪子染成血红色的故事。所有的物种当中，只有人类的确有时回顾往事。我们培养一种历史感。关于过去的行为，我们提出伦理上的疑问。

当然，利用当代的道德标准来衡量我们的祖先尤其是非常遥远的过去的祖先简直就是不公平的，但是在问及关于人类历史的伦理问题时和在修正答案时，我们重新估价我们自己。我有一次听到人类学家玛格丽特·米德（Margaret Mead）说，文明的进步就是我们不杀害的那些人的不断加宽的圈子。也许我们最后开化到足以认识到消灭一个可能已经成为一个单独种的民族是不公平的，因为他们是一个有智能的、有文化的人类大家庭的一部分。唉，对于尼安德特人来说，我们的教化来得太迟了。

第5章

宇宙的时间

我的脚步沿着本初子午线向前走，不可避免地将我带到了英国皇家格林尼治天文台，它是由国王查理二世在1675年创建的。查理早在15年前就已即位，那是在英格兰暴力的清教徒奥利佛·克伦威尔（Oliver Cromwell）发动了暴乱，实行非皇家统治之后。随着君主制的恢复，戏剧、艺术和文学再次繁荣起来。科学，在我们今天了解的意义上，就是作为一项有组织的社会活动而产生的，按其自身的规程进行知识的国际传播与验证。任何人在中学或大学里上物理课时，都会听到老师讲胡克弹性定律、玻义耳（Boyle）气体定律以及牛顿运动定律。很多的人都熟悉佩皮斯日记、雷恩教堂以及哈雷彗星。所有这些齐名的先生们都成名于17世纪晚期知识分子云集的伦敦，而这个城市当时的人口只有当今多伦多人口的五分之一。他们相互认识，满足彼此的好奇心，并一起建立皇家学会，第一个真正意义上的科学组织。他们完全可以被称做第一批近代派，他们确切地懂得他们自己在做什么。我认为他们正在从亚历山大人将近2 000年前放弃研究的地方崛起。

高居于英国复兴时期伟大的科学思想家们之上的是艾萨克·牛顿，一个具有惊人的智力和不可思议的个性的人。他的传记作者詹姆士·格利克（James Gleick）在这里是这样描述他的："他出生在一个黑暗、晦涩和不可思议的世界里；过着一种极为纯净和着迷的生活，没有父母、情侣和朋友；与涉足他的领域的那些伟人们进行激烈地争论；至少有一次从疯狂的边缘转过来；秘密地掩饰他的工作；然而他所发现的人类知识的本质核心无人可及。”最后一句话是对于任何描述他研究的主题，特别是描述他本人的传记作者的严正声明，牛顿深奥伟大的著作《自然哲学的数学原理》（*On the Mathematical Principles of Natural Philosophy*）（按拉丁语，书名简称《原理》〈*Principia*〉），当时或现今很少有读者能理解。这个声明能被证实为正确吗？

牛顿的成就是在1665—1666年，他当时还只是剑桥大学三一学院（Trinity College）的一名学生。瘟疫已经到达英国；在伦敦六分之一的人病死，不久之后传染病波及边远的城镇。剑桥大学的各个学院都关门了，学生们分散到了乡村；牛顿回到林肯郡伍尔索普（Woolsthorpe）的家。（现在这所住宅由国家信托公司照管，是一处科学圣地。）他开始独居和自修，对数学发现的狂热几乎像是超人。他创立了无限系列理论，并表明有可能用数学处理无穷大和无穷小。他琢磨空间、时间、惯性、力、动量和加速度的概念，以及机械运动的公式化定律。他发明了万有引力理论并将它应用到天空和陆地的运动方面，不可避免地遵循这一理论展示出开普勒行星运动三大定律。为了简化他的计算，他发明了现在所称的微积分。所有这些都是在他24岁以前完成的。

令人惊讶的是，牛顿将他的大多数发明秘而不宣。在他27岁时，成为剑桥的“卢卡斯讲座”（Lucasian）的数学教授，并且偶尔发送少量发明由设在伦敦的英国皇家学会进行考虑。特别是暴躁的天才罗伯特·胡克（Robert Hooke）迅速给牛顿一个固定时间，而经常为自己申请优先权。牛顿的回应变得更加秘密。单独的时候，他继续进行他的数学和物理研究，而且偏爱炼金术和深奥的《圣经》学问。他感觉自己正在探寻已经遗失或隐藏在近代的那几个黑暗世纪的古代知识。当代科学家往往对牛顿研究宗教和炼金术迷惑不解，但是牛顿正在寻觅着他认为比伦敦非宗教经验主义者的肤浅推测更深的统一的真理。他想要读出上帝的思想。

牛顿的很多思想的流露，使得伦敦学者意识到剑桥的这位孤独的教授处于新学问珍贵发现的顶端。埃德蒙德·哈雷（Edmond Halley），后来因哈雷彗星闻名于世，说服牛顿写下他的那些发现，并且自费发表这部著作。突然，牛顿的名声大噪，被科学家和诗人们捧红了。亚历山大教皇的诗句概括了这样的称赞：

自然和自然规律隐藏在黑夜里；
上帝说，“让牛顿做下去吧！”
世界于是大放光明。”

最后当英国皇家学会会长胡克去世的时候，牛顿离开剑桥去了伦敦，离开时身后没有一个朋友，更没有为他赋诗作为临别赠言。

如果有分隔中世纪和现代时代的人类天才的唯一的作品，那就是《原理》。在该书中，牛顿论证了太阳、月球、地球和行星的运动；行星的卫星、彗星、潮汐、炮弹以及落下的苹果，都可以根据几条简明的自然定律用数学的精确性来推论。牛顿的世界不是一个灵魂和神灵独断独行的舞台；相反，它像是一台伟大的时间机器（钟表机械），它的每个滴答声已经从黎明时分由不变的机械定律所决定好了。

当我研究托勒密、哥白尼、第谷和开普勒的天文学理论时，在1968年到1969年休假旅居伦敦期间，我没有用到牛顿的理论。实际上我已经用过了——作为大学的物理系学生。大学的每位物理系学生都要做这件事：将牛顿的万有引力定律（任何两个引体之间的引力与它们的质量乘积成正比，而与它们之间的距离的平方成反比）和牛顿的第二运动定律（力等于时间乘加速度）合在一起，求二次微分方程的解。抛开开普勒的行星运动定律，抛开1968年至1969年以及每隔一年过去和将来火星轨道的精确描述，抛开整个太阳系行星、月球、小行星和彗星精确的详细运动。是的，抛开甚至不为古人所知的行星、天王星和海王星，甚至它们在天空中被观测到以前的已知行星的运动中显示为小的摄动。它的全部——它的全部被严肃地与几乎不可思议地被包含在单个方程式中。今天，当美国国家航空航天局的科学家们将一个航天探测器发送到火星或者土星的提坦（Titan，土卫门）卫星上，例如，他们无非是采用牛顿万有引力定律和运动定律来在它的航线上引导它。这就是牛顿的令人震惊的成就。

牛顿的生命轨迹从不使他远离本初子午线——从他的出生地林肯郡伍尔索普（Woolsthorpe)，到他最后的工作岗位伦敦的英国皇家造币厂。当然，他的生命最具创造性的部分是与剑桥大学三一学院密不可分的。今天，当你步入三一学院的校门时，就会使你回想起17世纪；看得出自从牛顿的时代以来并无太多改变。信步穿过封闭式的庭院，带你来到学院小教堂的前厅。这里是学院先行者们的雕像，牛顿那栩栩如生的雕像同样受到了人们的尊敬，题词是“他的理解能力超过常人”（Qui genus humanum ingenio superavit)，来自拉丁语的不太严格地解释为“没有人比他更聪明”。牛顿的著作《自然哲学的数学原理》(《原理》)，常常被称做曾经发表过的最重要的哲学著作。它或许是最少有人阅读的哲学著作。当时或现在也很少有人有耐心或本领费劲地读完那部厚重的数学著作。虽然牛顿发明积分并用微分学去解决他的问题，但是他编写的著作用到了更多深奥的几何语言，当然，我猜想，因为他看出用一种无人能懂的语言编写的著作，对于除他以外的其他人来说是毫无意义的。事实上，微积分（由德国数学家戈特弗里德·莱布尼兹〈Gotffried Leibniz〉同时独立地发明）很快地成为精密的物理语言，因为它如此完美地适宜于解决牛顿考虑的种种问题。微积分学对于处理无穷小、难区分的瞬间和无穷小、难区分的空间间隔来说是一种特制的语言。希腊几何天文学中心点，必须是全天匀速地转圈。由于牛顿的观点，人们才认识到宇宙不再被设想为一个以人类为中心的由一个创造者掌管的宇宙蛋，这个创造者按他创造的意愿行动。在牛顿物理学中，空间是无穷大的，时间是永恒的，两者是统一的和同源的，并且如果上帝完全进入这个故事，作为永恒的自然规律的策动者也会被限制在一些含糊的创造活动里。

运用牛顿的理论，我们已经可以追溯我们远祖的神圣空间与时间，以至于可以追溯牛顿自己时代的基督教信徒的空间与时间。“全世界是一个舞台。”莎士比亚写道，他是指字面上的这个意思。莎士比亚世界的空间与时间——如同牛顿同时代的约翰·弥尔顿（John Milton）的空间与时间——是戏剧性的空间与时间，一个庄严地被创造出来的集合地点用于人们的戏剧，那是由亚当与夏娃创造和发展而来的，到达它的中央的戏剧性的瞬间用于耶稣基督的死亡和复活，和将由“启示和再次来临”落幕。牛顿为代替这个神圣的、人类中心世界而提供一些纯净的东西。“绝对的、真实的、数学的时代，自然而然，并且来自自然界，稳定地流动与外部任何事情无关，”他接下去写道，“绝对空间，在它的自然界里，与外部任何事情无关，剩下的总是相似的和不动的。”在这个缝隙里，或许无穷大空虚与它本身以外的任何事情无关，各自运动的行星、月球和恒星像大教堂的巨大空间中的尘埃一样。这个《自然哲学的数学原理》应用遍及牛顿未提及的人类历史的世界。他的物理就像是位于三一学院小教堂前厅的他自己的冷酷而庄严的大理石雕像一样。

牛顿的万有引力定律和运动定律用极其精确的彗星路线和苹果树落下的苹果勾画出来，但是他们没有提及对牛顿思想的理解。他居住在一个陌生和费解的心理学宇宙中，不同于用《原理》描述来自有序的机械宇宙的设想。在没有朋友的孤独中，他追求他的数学和物理的研究，但是（正如上文所说）他也涉及了炼金术和深奥的《圣经》的学问。他就是这么一个隐士，所以我们决不会了解他的头脑中曾思考过什么。他或许比任何前人或后人（可能阿尔伯特·爱因斯坦除外）更能深深地看见宇宙的本质，然而他写道：“我看来只不过像一个孩子在海滨嬉戏，偶尔发现一块光滑的小鹅卵石或一块比普通的贝壳更漂亮的贝壳会使我自己非常高兴，同时伟大真实的海洋展现的一切是我以前没有发现的。”他活在历史的尖端，我们现在称其为前牛顿和后牛顿世界。《原理》的出版可以作为现代性的第一个阶段。

行走零度

活在历史的风口浪尖是指什么呢？我所知道最好的介绍是牛顿同时代的萨穆尔·佩皮斯（Samuel Pepys）写的以知识分子为背景的日记《恢复伦

敦》（*Restoration London*）。像许多其他学生一样，我作为一名中学生看过少量的日记，包括1666年的《伦敦大火灾》（*Great London Fire*）和1665年的《瘟疫肆虐伦敦》（*The Plague to London*）。我们所看的是被严格修订过的，而我找到的是世间相对新的完整的未被编辑的日记，几乎保存了10年，字数之多数不胜数。佩皮斯在书页上的放纵不羁如同牛顿一样不可思议。

佩皮斯写的大多数日记是他的追求快乐的记录：食物、饮料、音乐、戏剧和女人。在1660年到1669年他写日记的那些年，牛顿在剑桥大学隐居以阐明他的世界转换理论。

伦敦人喜欢同性恋，效仿他们有趣于性爱的国王查理二世。这位国王的乐趣就是在公共场合毫不掩饰，他的那些情人是众所周知的。佩皮斯则有些加倍小心；他对他的妻子隐瞒他秘密的恋情，至少直到她以“妻子”身份在“作案”的现场抓住了他。使得佩皮斯的日记成为如此引人注目的读物，是因为私人的和公众的历史的结合。他是一个城里人，他曾与皇室成员、高贵的人、知识分子、艺术家、军人、牧师、主教以及妓女、船夫、马车夫和酒保喝过酒。他可以直接到怀特豪尔宫与国王一起观看内尔·格温（Nell Gwyn）在公爵剧院的优美表演。他的日记是他那个年代所有华丽的细节和精细的细微差别的写照。

在英国的克伦威尔和清教徒的圆颅党严酷的两段时期之后，或许可以原谅伦敦人的一点愚蠢的行为。然而，17世纪60年代还不能使人快乐。今天，也有许多就我们所知的创造科学有独创性的“学者”和“艺术品鉴赏家”（他们自称的）回到了这座城市。新的思想弥漫在空气中，是从自然界获得知识的新方式。英国皇家学会是一个天才的汇集地。佩皮斯是政府人士，一名高级别海军军官，并非一名科学家。然而他被兴奋所驱使，购买了所有已出版的新科学著作，并且努力读懂它。他买了一台显微镜和一架望远镜，还买了体现新的科学实验年代的几乎所有其他精巧的装置。他还维系着与科学家们的友谊。他在1665年被选为英国皇家学会的会员，随后，他成为了这个学会的会长。

佩皮斯对科学的兴趣，部分是出于知识分子的好奇心，部分是出于流行时尚。当他拿着老款式的双筒“望远镜”时，第一个观看的位置就是教堂，从画廊的教堂长椅那里，他“以注视和凝视很多的美女为乐”。新时代正在来临，人们有理由深信世界被自然规律所支配，但仍在沿用旧方法。一瞬间，佩皮斯可能注意到做输血实验，然后他做出炭化十字架（Charing Cross），像看一种观赏性运动一样看见四分五裂的领域的一些被发觉的敌人。一瞬间，他听见罗伯特·胡克推测彗星是遵照精确的机械规律周期性运行的物体，其次他担心1666年的特点在于“666”，启示野兽的数目。在佩皮斯1665年1月21日的日记中，记述他的身体健康状况良好是由于受他带着的新兔脚的影响（传说兔子后脚能避邪——译注），这是一种幸运的魅力。然后他坐在近来看过的胡克的显微图上，著作记录了一些用显微镜观测到的最初的科学观测。在这部著作著名的插图中，有一张图是一只跳蚤，是由胡克用每个刚毛、折痕和比例尺勾画出来的，出版于瘟疫肆虐的非常岁月的伦敦，瘟疫杀死了数千人，几乎毁掉了这座城市。我们现在才认识到这场瘟疫是由跳蚤传播的细菌所引起的。

换句话说，佩皮斯是他那个时代的产物，他的时代是一半产生理性的时期。我们不再参与公开处死刑、带着兔脚、担忧启示、害怕彗星或死于瘟疫。或至少我们当中的大多数人没有生活在自从牛顿时代以来科学发达的西方社会。当然，这个原因是由于包含着被佩皮斯同时代的人所创造出已知的科学方法。在放荡的查理二世统治期间，科学得到它的体制上的发展，这也许不是一个巧合。由于他感到内疚，这位君主给予他们宗教上的宽容、艺术上的支持和思想上的自由。如果历史是一个路标，那么在不受教会约束的、民主的和自由的社会中，科学能得到最佳繁荣。

零度行走

1675年6月22日，当查理二世国王签发英国王室许可证，准允在格林尼治国王公用场地的最高位置建立国家天文台时，他并不是出于对自然界的无私的好奇心。查理拥有一支可供戒备的海军、辽阔的殖民地和供其抢劫的世界。他的王国因贸易繁荣昌盛起来或者沉沦。在英国舰船的船长之中——实际上对于所有国家的所有海员来说——有一个问题是至关重要的：

经度的测定。

如同第一章所述，在大海上辨别某地的纬度是相当容易的；也就是说，赤道南北的纬度。你只需要测量一个天体（太阳或星星）当其跨过当地子午线而居于地平线以上时的高低角。至于弄清你是在东方还是在西方则是另一回事。海员不得不依靠“航位推测法”，凭借猜测船速来保持他们从东往西前进的航线。至少这方法是不可靠的，许多的船出乎意料地与荒凉的海岸碰撞而毁灭。

正如人们所知，关于经度问题有一种解答，就是在大海上使用时钟以准确地与船籍港（船原来所在的海港）的时间保持一致。地球以每小时 15 度角的速度运转着。所以，如果一艘船的时钟遵照格林尼治时间，例如：当太阳到达**船的上空**最高点（地方正午）时读作下午 1 点，然后向格林尼治的西方 15 度航行。如果太阳在空中最远时，船上时钟遵照格林尼治时间读作午夜，然后就要从格林尼治航行半个地球。时间等于距离。在船上的时间与船籍港的时间之间相差 4 分钟等于经度的 1 度。

在海上，经度的 1 度差不多是 70 英里（取决于距离赤道南北的远近），70 英里（112.7 千米）意味着在安全区和事故之间的差异。17 世纪晚期的机械钟尚不能在远航时非常精确地计时，故对航海没有太多的用处。如果在海上航行 1 个月，时钟失去或增加 1 分钟——在 17 世纪不可能达到精确的标准——这相当于在海上 12 英里（19.3 千米）或更远。

但是或许在夜空中能发现一个精确的“时钟”。伽利略认识到用望远镜观测木星的卫星就会发现一个很好天体钟，但是在摇摆的船上人们几乎不用望远镜。围绕着恒星运动的月亮有希望被当做一种天体钟，但是首先要有预测月亮位置的精确表格，并且要有一个用于观测的天文台。因此，在国王的吩咐下，克里斯托弗·雷恩（Christopher wren）在格林尼治公园的小山上设计了完美辉煌的漂亮建筑，约翰·弗兰斯提德（John Flamsteed）被任命为第一位皇家天文学家。

今天普通游客来到格林尼治，穿过长廊首先映入眼帘的是皇家天文台，长廊连接着国家海洋博物馆和由詹姆士一世的妻子伊尼戈·琼斯（Inigo Jones）设计的 17 世纪的女王王宫。穿过一条延伸到山顶的狭长绿地，天文台建在山顶之上（见图 5-1）。在天文台顶上是大型的橙黄色报时球，每天

图 5-1　英国格林尼治皇家天文台。

下午1点之前的5分钟会沿着支柱上升，然后精确地正点落下。自从1833年开始泰晤士河沿岸船只出发时，都是采用这种方法设定他们船上的时钟。(天文学家们选择一点钟作为信号时间，是因为他们在中午观测的太阳刚好与地方子午线交叉)。当然，今天泰晤士河的海上交通采用无线电信号来提示时间，上升和落下的报时球仅仅是一个历史性珍品。但是当接近下午1点钟的时候，几乎所有在格林尼治公园的人都会驻足转向天文台，观看跨越几个世纪的事件，把我们与人类长期探索的标准时间紧密相连。我有好几次核对我自己的手表来对比格林尼治报时球的下落时间。

我到皇家天文台最近参观是走在子午线上，那自然可以直接带我到达天文台。我到得很早，刚好天文台对外开放。我的目的是用一些单独时间参观弗兰斯提德的房屋（Flamsteed House）的原貌，这是由雷恩设计的，特别之处在于今天被人们所称的大星室（Great Star Room）或八角室(Octagon Room)。这个房间环绕着弗兰斯提德房屋的整个第二层。除了八角形的两面以外，高大的窗户通向天空的四面八方。今天本质上可以看出这个房间就是弗兰斯提德、雷恩、胡克、哈雷和牛顿时代的（见图5-2)。两个时钟置入墙内，13英尺（3.96米）的钟摆在墙壁内摆动，为我发出的滴答声就像它们为弗兰斯提德发出的一样。(现在的两个时钟是原件的复制品，当弗兰斯提德作为皇家天文学家退休时拿走了原件；其中一个拿走的原件最近已经放回了天文台并且展览在八角形房间内，另一个收藏在不列颠博物馆内。）这是在1676年世界范围内最精确的时钟，当时它们是皇家天文学家从英国最好的钟表匠托马斯·托姆皮恩（Thomas Tompion）那里为天文台购买的。滴答声并不是准确的词，在寂静无声的早晨，在八角形房间内的时钟的声音其实是相当阴森恐怖的。

阳光穿过高大的窗户。在一小时内，这个房间将会挤满了学生和旅游者。我静静地站在托姆皮恩时钟旁，试着去想象在比萨城作为学生的年轻的伽利略，坐在城市阴凉的大教堂里，看着吊灯慢慢地来回摇摆。根据他的学生和助手温琴佐·维维安尼（VincenzoViviani）后来的记载，伽利略注意到这个吊灯保持恒定的单摆时间（周期)，好像这个吊灯摆动的振幅会减少；也就是说，要精确地要求吊灯摆动时的小弧与大弧用时同样多。如果维维安尼描述的情况存在——另一个早期传记作者断言，当伽利略在比萨

图 5-2　英国格林尼治皇家天文台八角室。

城时，故事中的吊灯不在大教堂——假如伽利略只能用他的脉搏确定摇摆的灯的等时性（常数周期）。当伽利略在他身为音乐家的父亲教授音乐方面的知识的时候，他可能也已经注意到了钟摆的等时性。然而这发生了，这是一项重大的发明，通过荷兰基督徒惠更斯（Huygens）的手，利用钟摆原理做出了一个计时装置，利用科学的知识做出了第一个相当精确的机械钟。伽利略一生用摆钟做试验，并且考虑利用船上的摆钟测定经度的可能性，但是从未成功生产出必须精确的时钟。弗兰斯提德从托姆皮恩那里买到的时钟是利用钟摆作为传动装置，它们是在他们的时代之中最精确的时钟。虽然将它们对于弗兰斯提德的天文工作有益，但是它们不适合严格的海上航行。

伽利略在比萨城的大教堂里考虑了一会儿。（不必担心是否会发生像维维安尼描述的情况。）也许是大教堂的小官走过去拉亮吊灯，在这个过程中设置它摇摆。当吊灯慢慢地恢复到静止时，这个年轻的学生监视着，然后来自他对时间的推移的天生感觉，由直觉知道这个等时性。独自在大教堂里，也许他自己会猛推这个吊灯再一次设置它在长期的沉闷的圆弧内运动。用他的脉搏测定摇摆时间，对许多周期数求平均值。因为吊灯的摆动减缓后几乎觉察不到的振幅，他要再次测定摇摆时间。这是相同的！伽利略立即确认他所发现的东西也许可以实际应用到计时方面。

但是他怎样能肯定钟摆的运动是完全等时的呢？毕竟，也许他的脉搏率不是恒定值。也许他的脉搏率加快了，仅够使钟摆*看起来*似乎是等时的，事实上当吊灯穿过小弧时只用去很少的时间。根据伽利略的医学知识，他的确意识到了在不同个体之间脉搏率的变化，甚至同一个体的脉搏率的变化。事实上，他后来设法采用钟摆机械原理来测量脉搏率，从而获得了这个发现。这里要指出的是任何时间的测量都要有一个计时装置。计时装置的精确度只是用另一个计时装置与它相比较而测定出来的，人们认为这种方法更可靠。那么摇摆的吊灯或脉搏哪一种才是更可靠的计时装置呢？这似乎都是相辅相成的。弗兰斯提德购买托姆皮恩时钟以便他能够计算天体运行的时间，但是托姆皮恩时钟的精确度只能通过比较它们的滴答声的速度来确定出弗兰斯提德想要的真正的天体运行时间。有什么方法能摆脱现状呢？牛顿设想了一种稳定流动时间，这种时间与任何计时装置或任何天体的运动无关。但是这种不借助于一些脉搏的计时装置的抽象的牛顿时间是怎样被认识到的呢？

我们假设在比萨城大教堂里吊灯的摆动不是等时的；也就是说，摆动大的弧比摆动小的弧用的时间要多。但是大弧和小弧摆动的次数正好符合伽利略计算的脉搏跳动的次数。这个意思是指伽利略的脉搏率一定是被使摇摆的吊灯出现等时必需的准确数量加速了。这可能是一个极不可能的巧合，尤其是虽然伽利略重复观测了几次，也许在不同的时期也始终会得到同样的结果。正是吊灯的这种明显的等时性，才使伽利略将其视为吊灯的绝对等时性的保证者。这个非常的等时性的概念是一种理想化的概念，伽利略一辈子由这种思想所引导，即自然规律是简单的和理想化的。他一定已经想象出，一个摇摆的钟摆，一旦它的等时性被发现，是一个比人的脉搏率更可信赖的自然时间的保持者，我们知道那易受到野蛮的干扰。

出于同样的原因，弗兰斯提德为皇家天文台买了两个时钟以便他能够用一个时钟比较另一个。我想如果他能担负得起，他将会买一打时钟，让所有的滴答声保持一致。他做的第一件事就是校准时钟，以便它们遵守太阳时。也就是说，必须校准它们的转动速率，以便它们的刻度盘记录在太阳穿过地方子午线的一次航道与下一次之间的这 24 小时的航道。但是要重新考虑“钟摆和脉搏”问题。弗兰斯提德怎样能肯定地球在地轴上以稳定的速率运行呢？回答是相同的。依照他的测量，地球的转速与他的时钟相比好像是恒定值。由精确数改变时钟转动的速率使得不稳定的地球出现恒定值的可能性是什么？最后，弗兰斯提德假定他的两个用 13 英尺（3.96 米）钟摆（两秒一拍的）做的托姆皮恩时钟是最接近牛顿的完全的、普遍的和绝对抽象的时间的东西。

今天，我们使用的时钟不是用钟摆而是原子的振荡作为计时装置的。我手腕上的 35 美元的手表是由一个振荡石英晶体控制的；它远比皇家天文台的八角形房间里还原的那个敲敲打打的托姆皮恩时钟精确得多。当 20 世纪 30 年代发明了石英晶体时钟的时候，人们发现地球自转不是精确地统一的；事实上，自转正在减速，并且每天都比昨天长极小的数量。但是这断言只是使得我们因为假定原子振动很可能是比自转的行星更基本上等时，尤其自从我们有理论的理由相信在地球和月球之间引力荷载能影响地球的自转速率。是的，在我们关于世界的所有理论中有任意性和环形性；使一个理论比另一个更可靠的原因就是整个思想的连锁系统的经济性和理想化。

1707年10月22日，英国海军上将克洛迪斯利·夏威尔爵士（Sir Clowdisley Shovell）指挥的皇家海军舰队航行在康沃耳郡（Cornwall）西南端的锡利（Scilly）群岛附近，那里暗礁密布。随后，4艘军舰以及包括海军上将在内的2 000人失踪。（海军上将的尸体在海上被找到，现葬于伦敦威斯敏斯特教堂〈英国名人墓地〉的最华丽的墓中。）这是一个巨大的灾难，虽然引起灾难的原因很多，但这给出了新的亟待解决的问题，那就是探求一个安全可靠的方法在海上查明经度。

在1714年，英国议会做出响应，建立“经度委员会”提供2万英镑的奖金——在当时是一笔相当可观的钱，以现代货币来衡量超过100万美元——奖励任何能提供在海上半度内测定经度的人。锡利群岛的纬度大约是27英里（43.5千米）。因为时间等于距离，奖金的条件就是用一种方法发明一个时钟，在数星期的航海期间内与格林尼治时间误差在2分钟之内，明确地（根据奖金的条件）要求一次航海要穿过大西洋到达西印度群岛的一个港口。为了使人们对这次挑战有所了解，考虑到弗兰斯提德的托姆皮恩时钟每隔几天差不多会有1分钟的误差，这些时钟被安放在一个建有坚固底座的实心木制品后面。即使在那时，弗兰斯提德抱怨他的时钟受到灰尘、润滑油缺乏、空气流动以及温度变化的影响。在海上有变化无常的天气，在一条颠簸的船上无法指望一个像托姆皮恩那样的时钟能保持准确的时间。

牛顿在72岁的时候，被邀请为议院委员会提出建议。他表明：“一种（测定经度的方法）是靠手表精确计时。但是，由于船的运动、冷热变化、干湿变化以及在不同纬度的万有引力差异等因素，这样的一个精确计时的手表还没有被制造出来。”当然，这就是皇家天文台被排在首位的原因：在海上找到一些利用天空作为计时装置的方法。到了下个世纪（19世纪），后来的一位皇家天文学家冥思苦想这个问题，仅仅得到了有限的成绩。对于经度问题最有前途的天文解决方案是月球距离天文解法：日间测量月球和太阳的角间距或夜间测量月球和星星的角间距，实际上在天体的钟面上月球起到了一个移动手的作用。手动六分仪的发明使这项任务变得更容易、更精确，六分仪在 18 世纪中叶得到了广泛地使用。(虽然把六分仪的发明归功于英国的约翰·哈德利〈John Hadley〉和美国的托马斯·戈弗雷〈Thomas Godfrey〉，但是牛顿、胡克和哈雷都在这种工具演化过程中充当了一个角色。) 内维尔·马斯基林 (Nevil Maskelyne) 牧师，皇家天文学家(1765—1811 年)，发表的航海天文历将月球距离推算法带到了一个很有价值的高度，使海员在辽阔的地角能对马斯基林计算的格林尼治时间与观测的月球位置进行比较。月球距离天文年历起到了遵守格林尼治时间的船上时钟的作用。

当然，这种月球距离推算法要求有晴朗的天空而在暴风雨的大海中就没什么用了，也就是说，在非常的环境中，海员要想方设法知道他的位置。这个经度问题的解决方案，当出现这个问题时，就是毕竟可以使用能握在你的手里的一个发出滴答声的机器——航海天文钟——是一位机械天才约翰·哈里森 (John Harrison) 发明的，他是在林肯郡恒伯尔的巴尔地区 (Barrow-on-Humber) 愉快生活的人，靠近从本初子午线出发，离开英国大陆向北通过此后的海外航线到达北极。

零行
度走

哈里森的故事是一个男人毕生只追求一个东西的故事：一个时钟，它不受奇怪的万有引力和自然力的影响，一个时钟，它的滴答声与牛顿的绝对时间一致，一个用黄铜和钢制作的东西，它在人力可及的范围内，显示一种与宇宙相配的心跳。哈里森为海军制作了 4 个时钟。第一个满足航海竞赛标准的需要，那是航行到葡萄牙，并最终会为它的制造者从迟疑的“经度委员会”那里赢得一半奖金，但这并没有使哈里森自己感到满足。这位钟表制造人花费了数十年来改进他的制品，发明清除摩擦的装置、弥补温度的变化、调节动轮弹簧的力。虽然那时已经满足了“经度委员会”的要求，但哈里森还是不得不参加一个终身的战斗来获得已承诺的奖金，以防那些出于吝啬、顽固或嫉妒的图谋不轨者。尤其是皇家天文学家马斯基林（Maskelyne），他保证月球距离法和不容忍来自“力学”方面的竞争。

现在，4个哈里森时钟全都陈列在皇家天文台的一个博物馆房间里厚厚的有机玻璃柜内：它们全部被称为哈里森时钟。

第一个哈里森时钟，H-1，完成于1735年（借助于他的兄弟詹姆士〈James〉），看上去一点也不像我们预期的时钟的样子（见图5-3）。无可否认它是一个美丽的东西，它的形状与弗兰斯提德宅院本身惊人地相似。这个时钟的原框丢失了，因此H-1像H-2和H-3一样，放在那里，它的暴露的内部结构一览无余：一个鲁布·戈德堡（Rube Goldbergish）奇妙的纺锤装置、狭钢条、旋钮和操作杆。它发出黄铜色的光，但是主要的齿轮是木

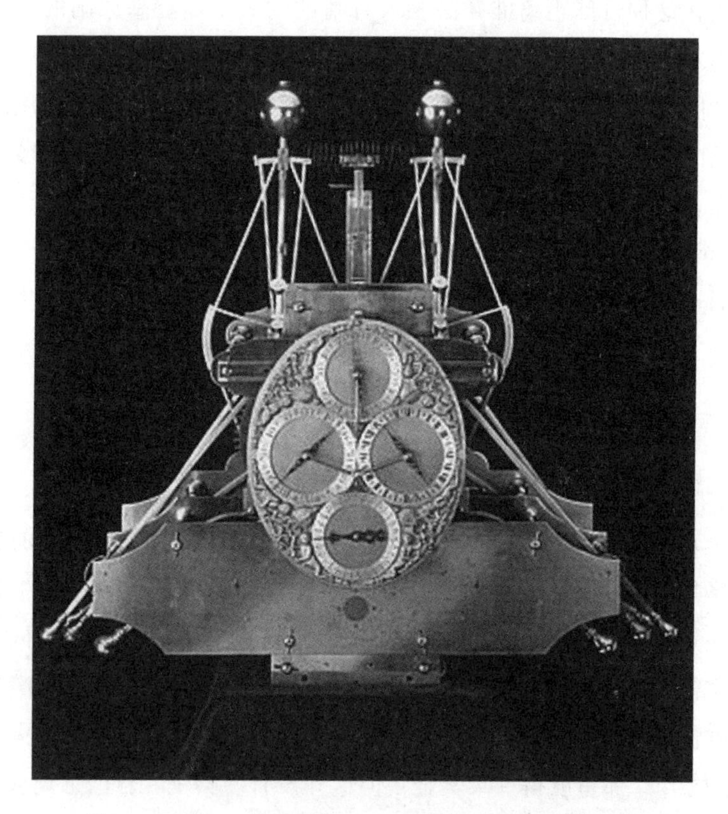

图5-3　约翰·哈里森的H-1，用做测定经度的第一个机械钟，它的计时能力具有足够的精确度。

制的。时钟的正面有 4 个刻度盘，是经过精心雕刻的；观看时钟的其余的部分也是无话可说，好像它是某个幻想工厂制成的互换部件的一个微小模型。从某种意义上来说，就是这样，这个产品是可瞬间互换的。这个时钟仍然在运转。每天早上它由博物馆职工的一员来摇动，上发条。两个摆动式钟摆，用黄铜球在它们的末端由螺旋弹簧连接，两秒一次摆动来回摇摆。很难想象在海上这种东西放在船长室内会是什么情况，船在暴风雨中起伏和嘎吱作响，但是这是 H–1 的命运。在一次航海时，海军部命令哈里森带着这个时钟往返里斯本。他忍受了可怕的晕船，但是这个时钟几乎保持了理想的时间。

哈里森仍然想要做得更好。他追求完美远远超过他追求“经度委员会”承诺的 2 万英镑。因此在皇家天文台有机玻璃柜里有了 H–2 和 H–3，每个都比它以前的更密实，每个与新发明相结合产品都有意使它的摆动与沙粒、灰尘、冷、热、干、湿、颠簸、转动、紧绕的盘簧、失效的弹簧无关。H–2 和 H–3 摆动与 H–1 同步，3 个时钟都保持着相同的两秒一次的节奏。在它们运行的时候有可能起到催眠的作用；当与时钟合拍时不久就有人自我感觉摇摆或昏昏欲睡。H–2 和 H–3 没有木制的齿轮；它们完全是由黄铜和钢制成的。回顾一下哈里森曾经想过如何使这些曾经成为皇家海军基本问题的东西成为优美的东西，而不是一些复杂的怪物。

然后制作出了 H–4。哈里森用 10 年时间追求一件荒唐的事，有一天好像突然想明白了：一个很小的高频振荡器（每秒摆动 5 次）在海上可以比一个大的、沉闷的、金属声的黄铜装置所能起到的计时效果更好。H–4 看起来像一个熟悉的怀表，虽然尺寸更大了些，直径大约 6 英寸（15. 24 厘米）。制品隐藏在一个精致雕刻的框内，但是内部特别的创新制品：有宝石的枢轴、一个摆轮、一个双金属片弥补温度变化，还有一个微型上发条装置，每分钟重卷 8 次以维持动轮弹簧的恒力。不像它的那些同伴，那些同伴的滴答声、摇摆、自旋和点头没有一点值得夸耀的地方，而 H–4 是惯性的。虽然能够运行，但它很紧凑，用那么多很小的部分精致地装配着，所以如果时钟运转正常的话，博物馆就不必冒险滥用清洁和润滑，这种清洁和润滑通常每隔几年就要进行一次。

哈里森天才的最后制品的性能超过了 1714 年的经度法案的规定标准3

倍。已经被称为“已经制作出的最重要的计时装置”，它不是很早以前每艘船出航所用的 H-4 直接后代，而是航海天文钟的原型，皇家海军的每个航海天文钟都保持了格林尼治时间。在 1831 年，罗伯特·菲茨罗伊（Robert Fitzroy）船长指挥英国皇家海军舰艇“贝格尔”号启航的时候，绘制了南美洲海岸（带着年轻的查尔斯·达尔文到达聪明的冒险新领域），他携带了 22 个精密记时计——有些是他自己的，有些是借的，有些是海军部官方发的——用来确定遥远海岸的经度。

零行
度走

这些年来，我参观了几次伦敦西南部的索尔兹伯里大教堂（Salisbury Cathedral），离巨石阵的宏伟巨石纪念碑不远。它是最优美的中世纪大教堂之一。作为一个外加的吸引人的东西，这个大教堂是英国最古老的机械钟之家，它或许是世界上最古老的机械钟，大部分是用原来的部件，而且工作正常。（完全可以合理地说明巨石阵在史前数千年就建成了，它是英国最古老的“时钟”；当然被排列的这些巨石标示出太阳的运行轨迹。）索尔兹伯里大教堂的时钟大约在 1386 年由一位无名的手工艺者用熟铁建成的。它大约和一个汽船一样大——在一个箱子般四四方方的铁架中装配了发出沉闷的金属声的齿轮，它是由一个落锤所推动并且由一个擒纵轮控制的。时钟没有刻度盘。它敲响了大教堂的钟，就这样它忠实地几乎敲了 500 年，直到 1884 年它才被更换。它在 1956 年被修好，并在大教堂的中央广场设为公共展品，再一次呼呼地走着，像愚笨的大人国的一些装有发条的玩具一样。它是所有后来的机械计时装置的始祖。

索尔兹伯里时钟（在威尔斯大教堂的由同一个工匠稍后制作的另一个时钟）是一个修道士用的，而不是长期用于祈祷时提示时间——但也可以认为它是历史的纽带，是一种新时间的物质体现。它每次滴答声都像其他的时钟一样精确，万有引力无情地持续拉动驱动重锤，调速轮旋转第一个齿轮，然后是另一个，机械地持续不断地旋转。这种时间给欧洲文艺复兴、世俗的中产阶级的出现、企业家、科技创新以及最终的牛顿时代带来了动力——滴答……滴答……滴答……滴答——抽象、数学、统一和永恒的象征。在机械钟出现以前，时间被认为是循环往复的永恒原型：每年、每日太阳周期地升起和下落。在这种较古老的时间概念里，每人都得到了他的（她的）意义仅仅与原型的叙述有关。根据传统和当局规定，除非有神授的权力，不得使用无法抵抗的力量。索尔兹伯里大教堂的艺术和建筑像所有的欧洲中世纪的教堂一样，是在肖像、符号、编码特征的巨大的链中，在这个链中赋予每个人（每件东西）一个命中注定的位置。但是从1386年起，藏在大教堂塔中的是这种新东西——自旋齿轮的铁制盒子。发出的一种时间没有起始和终点，不涉及层次，一个巨大的游泳连续区域没有界线、没有限制，任何事都可能发生。

有一本精彩的小说是由土耳其最流行的当代作家奥尔罕·帕慕克（Orhan Pamuk）写的，带我们回到了当知识分子离开欧洲就将不能回去的那段世界历史时期。帕慕克的小说《我的名字叫红》（*My Name Is Red*）是以16世纪90年代后期伊斯坦布尔为背景讲述的谋杀之谜、爱情故事、历史小说。奥斯曼苏丹穆拉德三世已经秘密地委托他写一本书，配以由一群微型画的画师所绘制的插图，用伊斯兰的文字阐明伟大的传统的艺术风格以歌颂他的生命和他的帝国。为什么要保密？这些插图将是新的欧式现实主义的表现，用阴影、透视以及另一个欧洲文艺复兴艺术的欺骗贸易（tricks-in-trade）——全是伊斯兰标准的异教。令人震惊的是，这著作还将包括一个可认识的苏丹他自己的肖像，不是仿效安拉说的话提供的格式化附属品，而是以他自己作为赞美的对象。当然，肖像画最近已经处于欧洲绘画的高水平；例如，想想汉斯·荷尔拜因（Hans Holbein）画的亨利八世（Henry Ⅷ）的肖像。在苏丹穆拉德的秘密著作里，创新对照传统、世俗主义对照神权政治、个性艺术风格对照无个性特征的确定的表达模式的框框。不久两个人死了，直到小说的最后的几页，我们才解开一个令人费解的谋杀之谜。

帕慕克的故事关注的是艺术本身，当然也有别的东西，不是独立的，那是发生在16世纪90年代的欧洲。天文学家辩驳哥白尼的宇宙学说的真实性，这个学说排除“地球（人类）是宇宙中心”。解剖学家解剖人体，利用他们的细心观察来挑战古代知识。伽利略开始了他的陆地运动的研究。

不久，望远镜和显微镜揭示了新世界，威廉·哈维（William Harvey）发现了血液循环，威廉·吉尔伯特（William Gilbert）阐明了地磁的效应。这种科学的剧变可以追溯到艺术的起源。一旦如阿尔布雷特·丢勒（Albrecht Dürer）这样的艺术家能把他的作品作为一只孤独的兔子或一片杂草，逼真地勾画出真实的毛发、叶茎，科学的革命是不可避免的。一旦如丢勒（Dürer）这样的艺术家显著地标记他的作品并对他自己**独特的风格**引以为骄傲，整体的神学改革和崩溃是不可避免的。文艺复兴时期，欧洲得到了发展，独特的创新和经验知识，抛弃了传统、宗教的一致性和旧的统治者。同时也破坏了索尔兹伯里时钟和它的后裔（如放在格林尼治天文台的托姆皮恩和哈里森的计时装置）的变换节奏。欧洲文化永远地脱离了古代民族神话。历史循环总是取决于它本身，已经结束了。未来是广阔的，发展正在继续。

从16世纪开始，伊斯兰文明经历了一个黄金时代，有的人可能理所当然地认为东方的文化和军事的优势注定胜于西方。其实并非如此。土耳其人在1529年从维也纳墙回来，在1571年勒潘托（Lepanto）的海面上被击败。但是它处于这样的思想领域，那就是在欧洲赢得它的主要的优势而并非在战场上。在小说中，帕慕克描述了英国的伊丽莎白一世女王用一个雕塑的大机械钟作为礼物送给了苏丹穆拉德三世，大概想要表现出这是欧洲科学、技术和艺术创新之最。伊斯兰教将以欧洲马首是瞻吗？穆拉德有插图的书将以欧洲式现实主义为代表，设置一个新标准的艺术的插图吗？穆拉德去世了。他的毫无远见的继承人艾哈迈特一世（Ahmet Ⅰ），拿了权杖以安拉的名义将伊丽莎白的礼物时钟打成了碎片——从伊斯兰的插图书回到了过去的盲从的仿制阶段。帕慕克那极好的原创的惊险刺激的小说一度唤起了伊斯兰的历史，那段历史全部充满了对战争的热衷，包括了伊斯兰教的过去和现在。

零行
度走

在格林尼治皇家天文台的博物馆里滴答滴答的时钟优于一个对经度问

题的成功解决方案。它们象征一种时间，这种时间与人类历史乃至牛顿时代无关，它没有开始或终了。时间在稳定、精确地流动着，对于它来说，任何人类的时钟都只是一个不值一提的仿制品。哈里森的时钟一天会增加或减少不到 1 秒钟，当今的原子钟会在 1 000 万年或 2 000 万年内增加或减少 1 秒。几千年来，地球自转确定了全天、小时、分钟和秒。现在我们知道地球的转速是不稳定的，甚至在长期的影响之下每年都在减速。每个世纪地球日的时间长度会增加 1 或 2 毫秒。虽然不多，但是用原子钟可以检测到。我们对“秒”的新的正式国际定义——地面状态的两个铯 133 原子静止时绝对温度为零度在两个超精细能级之间跃迁所对应的辐射的 9 192 631 770 个周期的持续时间——与旋转的地球无关，而对在宇宙任何地方的任何十分先进的文明大概都是有意义的。

逻辑上相信 18 世纪的强迫性探求一种经度问题的解决方案，这种解决方案不可避免地指向詹姆斯·赫顿（James Hutton）的地质时期概念——宇宙的历史不依赖于人类历史——最终是查尔斯·达尔文的地球上生命进化的故事。当然，人类知识史的任何部分都与其他生物无关。哈里森努力的全部重点在于使时钟的转动不会受到任何事物的影响，因为它的元件可能会阻止它。他的时钟不仅在海上能保持船位的航线，它们还以符号方式提供了不间断的滴答节拍，以防 19 世纪科学家们测量山脉的上升和下降以及物种的变化带来的影响。

还有另外的情况。哈里森的 H-4 时钟与工厂体系和可互换零件的制造开始一致。很难过高评价创建现代世界的可互换部件的重要性。他这样考虑了一会儿：直到 18 世纪晚期，每个人做的人工制品的每个部分是要明确地用在这个物品的相应位置。这个想法是一个触发机制，就像是不能想象的一种枪炮可以适合于另一种枪炮。只有当时间和空间被想象成由大量生产的可互换的单位（秒、米）组成时才有可能。H-4 时钟对产业革命的贡献不仅仅是概念上的。当哈里森公布了这种方式后，对航海天文钟的需求是相当大的，钟表匠只得租用标准部件的制品。记时计是在第一个可互换零件的人工制品之中。这种互换性的想法悬而未决。托马斯·杰斐逊（Thomas Jefferson）写道：“我们掌握的这些真理是不言而喻的，所有的人生来都是平等的。”他不是脱离（知识）实际写这番话的。

英国商船和军舰的航海天文钟遵照的是格林尼治标准时间（GMT），也就是说，24 小时相当于一个平均太阳日的长度。因为地球在一个倾斜的轴上围绕太阳旋转而其轨迹不是很圆的。太阳日的长度是按日规来调节的，而全年并不是一个恒定值。太阳交叉地方子午线（日规正午）的时间与一个遵照平均太阳时的时钟相差 16 分钟之多，这个差异被称为“时差”。第一个皇家天文学家约翰·弗兰斯提德（John Flamsteed）最先精确地描述出时差。船员不得不按日期将时差记录在册，以便将他的记时计与当地的太阳时进行对比。

同时，在陆地上，每个城镇和乡村靠一个日规来设置他们的当地时钟；也就是说，每个城镇和乡村遵循他们自己的地方太阳时。当伦敦是在正午的时候，在索尔兹伯里的时钟是 11 点 53 分，在靠近康沃耳郡旁的潘赞斯（Penzance）的时钟是 11 点 38 分，等等。直到铁路通到这里之前这就已经够用了，通了铁路之后需要公布时间表。因此格林尼治天文台开始用射击、报时球以及人为传送的方法，最终通过电报来将格林尼治标准时间发布到英国及其群岛在内的各个地方。事实上 1855 年英国每个公用的时钟都显示格林尼治时间，日规仅仅成为了装饰物。

在美国这种情况更复杂，许多铁路公司各自遵照自己的时间标准。英国是很小的国家，因此共同的格林尼治标准时间不会超过半小时或与日规时相差很多，而如果在美国的所有共同体遵照相同的时间——例如华盛顿平均时间——在西海岸时钟可能与太阳时相差几个小时，那是无法接受的情况。为了解决这个问题，纽约一个叫查理·多德（Charles Dowd）的教授提出了时区的想法，在每个 15 度（一小时平均太阳时）的范围内，所有的时钟将遵守中心地带的平均太阳时。在一个时区内没有一个时钟的不同地方太阳时会超过半小时。在 19 世纪 80 年代采用了多德的学说——在美国和加拿大根据英国格林尼治时间采用了时区这一特别的国际性标志，尤其是在华盛顿或渥太华。不久之后其他的国家也相继采用。在格林尼治公园山丘上的克里斯托弗·雷恩天文台承担这个面向全球的时间发布权的重要任务。

制定所有的经度或时区学说的关键是子午仪，架上一部望远镜旋转在一个精确的南北平面内，以便能测量穿过地方子午线的太阳、月亮或星星的轨道。建在格林尼治的雷恩原来的天文台实际上不是为了这个目的。第一个皇家天文学家弗兰斯提德的经纬仪建在他花园的一个小棚子里。当埃德蒙德·哈雷作为皇家天文学家接任时，他注意到那架有弗兰斯提德仪器的砖墙开始下沉了，他便在略东一些位置建造了一个新的子午线墙。后来改进了经纬仪就延续了这个样式，今天走过包含格林尼治皇家天文学家继承的经纬仪的一连串房间——弗兰斯提德、哈雷、布拉德利（Bradley）和艾瑞（Airy）——每个房间都在上述的经纬仪的东面几英尺，每台经纬仪确定一次英国本初子午线。最近一次的子午线是 1884 年经乔治·比德尔·艾瑞（George Biddle Airy）验证的，作为世界的本初子午线。今天，艾瑞经纬仪的平面位于天文台的庭院内显著的位置；来自全世界的游客站在“格林尼治”的东面 1 英尺和西面 1 英尺的位置留影。

在我家的相册中，我拥有一张最老的三个孩子站成一排的照片。当我在 1968 或 1969 年（照相的那年）第一次参观天文台时，它是一个安静的地方，它还不是今天这样喧闹的旅游胜地。当我参观天文台走在本初子午线上时是正午，庭院挤满了来自世界每个国家的人。令人相当满意的是看到亚洲人、非洲人、澳大利亚人、南美和北美的人，当然还有欧洲人，所有的人都至少赞同一件事：在这个星球的每个人设置他们的地图和时钟时都要参照这条穿过庭院的子午线，一个科学思维战胜了将我们自己看做是世界中心的根深蒂固的想法，一个有希望的迹象是：有一天那些仍然如此极力将我们分隔开的宗教、政治和种族的差异可能会烟消云散，就像我们以前争论谁的地图和时钟将会恰当地指明空间与时间。

第6章

宇宙的空间

如果格林尼治的皇家天文台有一颗皇家的星，毫无疑问就是天龙座γ星（Gamma Draconis），亦称龙之首（Eltanin）——“龙头”。龙头不是一颗特别亮的星，在一个星座中，天龙星座没有任何亮的星。但是它闻名当地：它曾经每天直接经过伦敦上空。假如你生活在17世纪，就会想相当精确地测量一颗星星的位置。有优势选择经过靠近头顶的一颗星星。首先，地心引力精确地确定这个顶点；你要做的就仅仅是用一个铅锤对准一个望远镜，确信它垂直地指向它。其次，这颗星星的光垂直地穿过地球大气层，这样它将不会受到折射，因为当光倾斜地穿过任何透明介质时都会发生光线弯曲。在1669年，牛顿强有力的竞争对手罗伯特·胡克打算观测天龙座γ星一年的航线，测量它对于顶点的精确位置。他知道他希望发现什么，那将使他出名：明确证实哥白尼提出的地球穿过空间，如果成功的话，他可能是第一位测量到一颗星星的距离的人。

并不是说胡克需要在他的桂冠上再插一根羽毛。他被公认为他那个时代最聪明的自然哲学家之一，一个新的列奥纳多·达·芬奇（Leonardo）。在1662年他被任命为新创建的“英国皇家学会”实验馆长，在第二年他设计了实验和发明的特别范围。真空泵、空气压缩机、万向接头、虹彩光圈（现在被用于照相机）、时钟螺旋弹簧、气压计、湿度计、风力计、时钟驱动望远镜，用他丰富的头脑陆陆续续制出了有用的装置。1665年的显微图的出版奠定了他的国际声誉，通过最新发明的显微镜，用精致的图画展现了一个奇妙的微观世界的面貌。日记作者萨穆尔·佩皮斯（Samuel Pepys）

称其为“我一生所读过的最具有独创性的著作”。

奇怪的家伙，胡克。一个体弱多病、弯腰、突眼的人，被多种不确定的疾病（无疑包括忧郁症）困扰的人。一个神经质、脾气坏的失眠症患者，追求名誉，能迅速击败他人。看来他在牛顿之前就已经由直觉知道平方反比万有引力定律，但是他缺乏耐心和数学能力去做牛顿所做的事情：将定律应用于陆地和天体运动。现在，他的名字仅仅出现在与弹簧的弹性定律相联系的科学著作中，而对自然的研究工作不具备一种特别基本的洞察力。就像列奥纳多·达·芬奇，他的不安思想如此敏捷地从一个主题到另一个主题并一掠而过，似乎所有的想法从来没有完全地坚持到底。根据他 1669 年的建议：测量恒星视差。

视差是一种当从两个不同地方观察物体的位置时产生的外观上的变化，一个常见概念的想象词。将你的手指放到你的鼻子前面，现在先用一只眼睛看，然后再用另一只眼睛看。注意你的手指似乎相对于更远的背景移动。也要注意移动手指离开你的鼻子，表观位移较小。观测目标的距离越大，视差越小了。例如，图 6-1 示出以更远的群星背景从伦敦和巴黎观测月球。如果从伦敦到巴黎的距离是已知的（基线是 220 英里，354 千米）并测量月球的表观角位移（视差角），那么计算到月球的距离则是一件简单的事情。但是注意图 6-1 并按比例。真实月球与群星之间的距离比起伦敦到巴黎的距离要遥远得多。图 6-2 显示以群星为背景的月球，就像月球是在伦敦和巴黎同时观测到的。在每张照片中的月球几乎刚好是半度的宽度。如果你仔细地看，你将会看到月球处于一个与背景星稍有不同的位置，不是因为月球移动了，而是我们正在不同的地方观察着它。表观位移是一个小而可测量的一个度数的小部分——视差角。

但是需要有一个比从伦敦到巴黎的距离大的基线才有希望测量星星的视差。当阿利斯塔克（Aristarchus）以及后来的哥白尼认为地球在环绕着那个固定太阳的巨大轨道移动时，这至少在理论上使测量到星星的距离成为可能。当观测地球轨道的另一侧时，星星应显示一个表观位置的位移，例如，移向天顶。有关的图表与图 6-1 相同，如果三角形基线不是从伦敦到巴黎的距离则除外，现在地球环绕太阳的轨道直径是 1.86 亿英里（3 亿千米）！亚历山大的天文学家察觉到，星星没有显示出彼此之间或与空中所有的其他的参考点之间显而易见的周年视差，或至少没有他们能测量的星星，那肯定是他们拒绝阿利斯塔克的运动的地球的观念的一个理由。

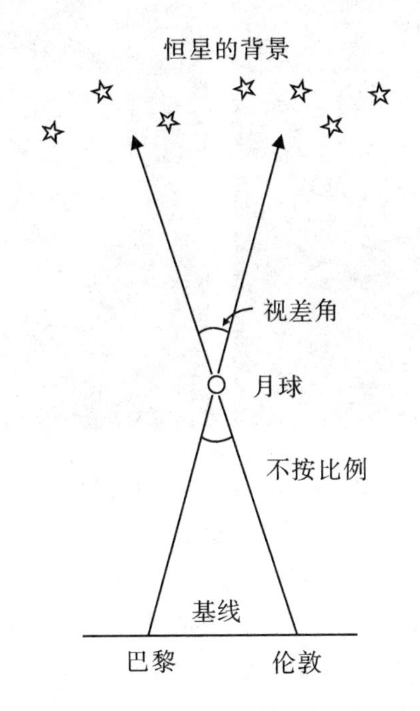

图 6-1　示意图显示为从伦敦和巴黎观测到的月球视差。

另一个可能性是到星星的距离**甚至比到地球的轨道**遥远得多，一个观念似乎使除了阿利斯塔克之外的每个古人都会惊恐。显而易见的恒星视差的不存在，意味着如果你接受这以太阳为中心的宇宙的想法，你也必须买一个神明会不乐意地远离人世舞台的宇宙放进一个大得惊人的宇宙中。因此指责阿利斯塔克不敬神。哥白尼也知道他正踩在危险的道路上。乔达诺·布鲁诺（Giordano Bruno）由于欢呼无限空间而走向火刑柱。伽利略跪在那些因审问他而聚会的官员们的面前。

当然，在牛顿和胡克的时代，大多数科学家都开始相信哥白尼是正确的，这种过去就萌发出来的想法是：星星非常非常遥远。但是有多远呢？有两种方法去发现。一种方法是假定（没有证据）那些星星是其他的恒星，计算离它们有多远就必须它们在天空中闪耀。（点光源的亮度以距离的平方数减弱。）艾萨克·牛顿、基督徒惠更斯（Christian Huygens）和其他人追

图 6-2　同时从伦敦和巴黎观测月球。注意相对于那些背景星的小位移——一个视差的例子。

求用这种方法估计天狼星的距离，它在地球的天空里是最亮的星，因此也可能是最最近的星，但比地球到太阳的距离要远数百万倍！给你一个尺度概念，这个意思指如果地球的轨道是一张光盘（CD）的大小，那么这颗最近的星可能就是 20 英里（32.2 千米）远！因此，古人的宇宙蛋、但丁的《神曲》、屈服于一个哈欠、沉默的深渊就是这个意思。

当然，那些星星是其他的恒星，就像牛顿和惠更斯假设的那样，而假定所有的星星有相同的固有亮度是错误的，假定那颗最亮的星是离我们最近的星也是错误的。现在我们知道有些星星比太阳更亮得多，而有些则比较暗。然而，用表观亮度来测量恒星距离的方法对于离我们最近的星星来说，只是非常概略地测出了正确的距离。

第二种测量恒星距离——视差——的方法是不假定星星有固有的亮度。这种方法直接且明确：测量视差角并计算三角形的长边。不幸的是，用牛顿时代的技术根据一颗星星的表观位置测量如此微小的角位移是不可能的，即使在亚历山大的时代也是不可能的。（想象先用一只眼睛看一个 20 英里外的物体，然后换另一只眼看。）而罗伯特 · 胡克提出的正是这样的做法：观测天龙座 γ 星，做一个表观位移，来回移动，就像地球围绕太阳运行一样。

他在伦敦格雷欣学院（Gresham College）他房间的天花板和屋顶打了几个洞，安装了一架36英尺（10.97米）长的垂直的望远镜，用线绑了一个铅锤。用这种方法观测天龙座γ星经过天顶（这点直接位于头顶上方）附近，仔细地确定从天顶的角距离。他在1669年7月6日、7月9日、8月6日和12月21日进行了测量，并认为他观测到一个一百分之一度的微小位移。但是他根本不肯定他的仪器能可靠地工作，对这个结果没什么信心。在做了很少量的观测后，他由于“不利的天气和我的健康状况很不好”而放弃了这个项目。原来天龙座γ星的视差小于胡克认为他测量的结果的千分之一。

仍然给了胡克应有的权益。他测量了到一颗恒星的距离并制订了一个其他人都要遵守的实验计划。如果他没有发现那个到天龙座γ星的距离或没有看到恒星表观位置的年摆动，则无法证明地球的移动，他至少比以前的任何人都更可靠地证实**如果地球真的运动**，那么那些恒星就确实离我们很遥远。

一个多世纪后，德国天文学家弗里德里希·贝塞尔（Friedrich Bessel）最终成功地测量出了一颗恒星的视差，他使用的是一个为特定目的建造的望远镜，这个望远镜大大地改善了胡克曾经使用过的仪器。贝塞尔在1838年测量到其视差的那颗恒星不是天龙座γ星，也不是靠近德国上空的一颗恒星。这颗恒星是一颗完全没有什么特点而难以名状的恒星，名叫“天鹅座61号星”（61 Cygni）。他选择这颗星不是因为明亮，而是因为它有一个相对大的所谓的自行（天体的固有运动）轨道；也就是说，是真实的而不是表面上穿越太空的运行。贝塞尔猜测从地球观测时很可能是最接近的星星有很大的自行轨道，就天鹅座61号星来说他是正确的。它是我们在银河系号上的百亿颗星星中最近邻（把倍数星系统作为一个整体来计算）的第11个。

现在我们知道胡克决不能在天龙座γ星上获得成功，因为这颗星太遥远了——在150光年以外（900万亿英里，1 448万亿千米），胡克看见的表观位移比天鹅座61号星远10倍。如果地球轨道是我在前面提及的光盘大小，而太阳是在它的中心的微小的尘埃微粒，那么天鹅座61号星可能是

24 英里（38.6 千米）外的另一个尘埃颗粒。贝塞尔成功测量的表观角位移是眼睛对着光盘的半径看到24 英里以外——大约万分之一度——这个成就扩大了天文精确度的极限。

到了19 世纪末，贝塞尔获得成功的62 年后，已经测量出了不到100颗恒星的视差。现在使用为特定目的建造的卫星望远镜，已经可以通过视差直接测定出超过10 亿颗恒星的距离——当然包括天龙座 γ 星和天鹅座61号星，而这些仍仅仅是我们在银河系中的最近邻。

零行
度走

虽然罗伯特·胡克未能测量到恒星视差，但我猜想如果他知道像今天已揭示出的那样大的宇宙一定会感到非常吃惊。他很快地放弃了天龙座 γ 星——那原来是一个聪明的举动——他自己忙于其他的方案和消遣。当查理二世在1675 年决定建立他的皇家天文台时，胡克对天文台的设计和建造助了克里斯托弗·雷恩（Christopher Wren）一臂之力。在我们离开皇家天文台沿着子午线继续行走之前，我们还应该见到一个人：第三位皇家天文学家，詹姆斯·布拉德利（Reverend James Bradley）牧师。

很难找到一个比布拉德利更不同于胡克的人。布拉德利是平和而稳健的人，胡克则是脾气暴躁而轻狂的人。一旦布拉德利全神贯注地研究一个问题时，他就会一直坚持下去直到找到答案为止。他全神贯注地研究的这个问题是非比寻常的，这个问题的解决战胜了胡克：这就是恒星视差的测量。

此外，布拉德利认为胡克正确选择了一颗经过靠近当地上空的恒星。他也以天龙座 γ 星作为自己的目标，但他决心制造一个像他自己性格一样非常稳定、可靠的仪器。他做的这个仪器开始了一个恒星观测的长期系列，核对、再核对他的仪器的每个方法的步骤。实际上天龙座 γ 星适度地运动，在一个精确的年周期中证实表观运动是地球轨道的一种人为现象。但它不是一个能用视差来说明的运动；也就是说，如果从地球轨道的不同位置（类似眨眼睛的方法）观测恒星的话将不符合所预期的结果。布拉德利感到莫名其妙。他不知道到底是怎么回事。

后来有一天，当他航行在泰晤士河上的时候，他正巧看到那个小风向标在船的桅杆顶部飘动。当然，风向标意味着告诉舵手风向。然而，每次船转向时，风向标就会稍微移动一些，**好像风向改变了**。但是当然风未必会刚好改变方向，而是因为由舵手来决定转航。通过对海员的询问，布拉德利得知风向标指明的是风和船的联合速度；也就是说，船在水上的运动是它本身的一种风影响了风向标的方向。啊—哈！布拉德利突然明白了他对天龙座γ星在观测什么：地球轨道的速度和**光速的结合**。

以此类推。你静止地站在雨中，雨垂直落下。你正握着一根长管，雨滴直落入管子。现在开始走。如果要让雨滴落入管子，你就要稍微向前倾斜管子的顶端；否则雨滴将不会落入管子，而落在移动的管子侧面。同样的道理，当走在雨中的时候，你就会向前倾斜雨伞。所以让星光垂直地落在布拉德利的望远镜上也是如此。由于地球在它的轨道上运动，用第一种方法，然后是另一种，望远镜毫无疑问是倾斜后获取星光以对准焦距，这就使恒星的位置看起来改变了。布拉德利发现的不是视差而是被称做的“光行差”。他没有测量到一颗恒星的距离，但他却发现了地球运动的铁证。最后的顽固的“反哥白尼学说的人”被说服了。不可能再相信地球处于宇宙的中心静止不动。

然而布拉德利坚持他对这颗恒星的观测，探求摆动的**顶端的摆动**可能是视差——而且发现了另一个复杂因素。地球的轴摆动非常微小是由于月球的引力作用使地球略显出扁圆的形状，这一效应被称为“章动”(nutation)。这也使得一颗星的位置看起来改变了。天龙座γ星在空中跳出一个相当复杂的舞蹈，但是布拉德利做了一个他认为可以做的尝试，他发现没有任何不稳定行为的部分符合视差。他对他的望远镜能发觉1弧秒(1/3 600度）那么小的位置发生改变的情况充满信心，那暗示天龙座γ星与地球之间的距离至少是地球与太阳之间距离的40万倍。但布拉德利说不出有多远。他推断“选择一颗星视差测量正是由于它正巧处于上空的附近”的想法是愚蠢的。没有理由预先假定天龙座γ星是一个近邻或别的什么。他推测最好是选择一颗像天狼星那么亮的星，假设明亮的就是距离近的。然而，相距上空，由于大气层的折射使对微小的角的测量变得很复杂。

伽利略曾经提出了一种获得视差的方法，布拉德利现在将这种方法奉为也许为天文学家提供的最好的承诺。首先，探求位于空中沿着相同的视线挨得非常近的两颗恒星——其中一颗不如另一颗明亮。不太亮的恒星大概比明亮的那颗恒星所处的位置更远。以较远的恒星为背景测量近邻恒星的位置变化。所有问题阻止探求视差——大气折射、望远镜校直的不精确性、误差、章动，等等——大概同样会影响两颗恒星。只有取决于距离的视差，将会改变两颗恒星**相互之间**的位置；也就是说，近邻的恒星将显示出每年比更远的恒星的位置的位移更大。因此远处的恒星提供了一个方便的参考点，以便测量更近的恒星的视差摆动。或许布拉德利只是在他自己对恒星的轻微摇摆的长期、有效的关注结束时才信服。

零行
度走

威廉·赫歇耳（William Herschel，1738—1822）接受了这个挑战。赫歇耳是一位德国音乐家，19 岁来到英国，他很快在这片土地上确立了自己卓越的天文学家的地位，制造了工作性能优于格林尼治仪器的望远镜。他迁入伦敦西部的斯劳（Slough），终于在那里建造了一个带有直径为 4 英尺（1.22 米）的透镜的仪器，装在一个 40 英尺（12.2 米）长的铸铁管内，那可能是半个世纪中世界上最大的望远镜。国王乔治（King George）和坎特伯雷（Canterbury）大主教参观过；赫歇耳的庞然大物是旅游胜地的了不起的东西。由于赫歇耳的杰出仪器和他能干的妹妹卡罗琳（Caroline）的协助，他积累了一系列的发现，这不是在此之前或之后的单个天文学家能比得上的。这些发现包括一颗新行星、天王星和成千上万的星云和星群，以及双星。赫歇耳把 1 000 颗双星的位置编入目录中，遵循布拉德利的建议，他长期观测亮度大不相同的双星的相对位置。他没有发现视差，却发现了一些相当有趣的东西。原来他发现的许多双星是**真正的二进制**，两颗星在引力场中黏合在一起，而不是那两颗星仅仅刚好位于相同的视线内。因为这一对星黏合在一起，而发出迥然不同的亮光，赫歇耳彻底地证明了所有的恒星不是同样明亮的。表观亮度不是一个可靠的距离指标。

所以恒星视差仍然是极其难以捉摸的，但将对视差的探求怀有愉快追寻心情的天文学家带入了一个千变万化的神奇的宇宙之中。直到1838年贝塞尔（Bessel）的成功，才使人们能直接测量出到恒星的距离，而威廉·赫歇耳（他的儿子约翰也成为了一位著名的天文学家）曾展现了银河系的形状和大小；其中模糊的斑点随后被证明是其他的星系。到1822年威廉·赫歇耳去世的时候，情况明显变得清楚了，幻想哲学诗人乔达诺·布鲁诺（Giordano Bruno）是对的：

> 太阳是宇宙中无数颗恒星中的典型恒星之一。
>
> 人类的住所好比是大教堂里飞扬的尘埃中的一粒。
>
> 来自但丁天堂的没有蔑视我们人类辛苦的天使唱诗班，就在远方的星空那里。
>
> 天空无止境地延伸，空阔无边，撒向各处的是其他恒星、其他行星、其他星系。

零度行走

自从格林尼治皇家天文台创建以来，这里有过15位皇家天文学家。皇家天文学家是一个仍然存在的职位，正如我写的那样，现在的居住者是马丁·里斯爵士（Sir Martin Rees）。而格林尼治公园山丘上的天文台在英国的天文方面扮演了一个越来越不相关的角色。在20世纪中期，灯光和空气污染成为了主要问题，那是由于伦敦城向以前的一个沉睡的郊区扩展。在1946年，天文台迁移到了苏赛克斯郡的赫斯特蒙苏（Herstmonceux）城堡的新家，离本初子午线不远。1948年皇家天文学家留在格林尼治，并且上次在格林尼治的天文观测是在1954年。这些在山丘上的建筑现在是国家海洋博物馆的一部分，作为一种骄傲的丰碑矗立在那里，纪念我们人类对所处的空间与时间位置的探求。

在1990年皇家天文台再次迁移，这次迁到了剑桥，但是仅仅作为一个营运基地。英国恶劣的天气，加上灯光和空气污染，意味着英国的光学天文学家现在必须远离家乡去做重要的研究，最通常的是去加那利群岛（Canary）上的北半球天文台。另一方面，云、周围的光和空气污染不会严重地影响射电天文学；对于射电天文学家来说，昼夜、多云或晴朗都是一样的，无线电波的长波穿过你的房子的墙壁就像穿过云层一样容易。由于英国的云太多，所以英国人就成为了射电天文学中的先驱者。第12个皇家天文学家是马丁·赖尔（Martin Ryle），在第二次世界大战后的那些年，他立即带头进行研究。由于英国的科学发展到了如此程度，在剑桥大学卡文迪什实验室（Cavendish Laboratory）里显著地描绘了这个建筑物中的世界第一台射电望远镜。

因此，我在子午线上行走有最后的终点。我从格林尼治沿着一条人行隧道走到了泰晤士河下面。然后我沿着李河（River Lee）走到了一条长距离的人行道的北面，这里几乎刚好位于零度经线上。这条河折向西有一条岸边的人行道，于是我走过这个赫特福德郡和剑桥郡的起伏的地形。这次步行确实令人愉快。公共的道路普通而方便。当我走近剑桥的郊区时，子午线的路比较难走，我能够看到在地平线上剑桥大学的穆拉德射电天文台（Mullard Radio Astronomy Observatory）许多白色圆盘，像许多耳朵竖起朝向天空。关照这些仪器的天文学家们正在探索研究星星的生与死、银河系的演变、大爆炸、类星体、脉冲星和黑洞。

天体向电磁光谱的各个部分发出辐射，从长波无线电波到非常短的波长γ射线。只有光谱的可见部分（虹的颜色）和无线电波渗入地球大气，所以只有光谱的这些部分可为以地面为基地的天文学家所用。但电磁光谱的各部分都带有有用的信息，因此今天γ射线、X射线、紫外线、红外线以及微波望远镜在大气层以上围绕地球运动，收集宇宙的大自然线索。物理学家们也在预测引力波的存在、跨星系或深度时间的灾变事件造成的时空结构的轻微波动，不过这些方面尚未检测出来，探索在进行中。

空间望远镜都没有提供超过哈勃空间望远镜提供的关于宇宙的美妙观点。正如我所写的，美国国家航空和航天局（NASA）刚刚发布了一张新的哈勃照片，称为“超深空影像”（Ultra Deep Field）。为了制作这张照片，那台望远镜聚焦于天空的一个小部分，小到可以由以手臂长度握着的十字形圆柱销钉的交点所覆盖。曝光为100万秒（278小时），需要该望远镜沿轨道运动400多圈。这是迄今获得的最深的空间观点。可以在那张照片里看到一万多个星系，最远的距离超过130亿光年。那些最远的星系的光开始它的行程是在这个宇宙为现今年龄百分之五的时候。

试验一下这个做法：今夜出去，两臂高举呈十字形圆柱销钉状，对着天空完全黑暗的部分。现在设想哈勃（空间望远镜）在微小的黑暗的正方形里面看见的那上万个星系，那些星系回到黎明时分。每处星系都包含了几百亿或几千亿颗恒星（它是我们看到的最明亮的星系），每颗恒星也许都有行星。连乔达诺·布鲁诺也无法想象这样一个宇宙，而我们自己只是其中的一部分。

宇宙有多大年纪？令人惊愕的还不是答案——大约137亿年——但事实上有答案。

在20世纪初，科学家们最广泛地持有这样的观点：宇宙是永恒的，没有开始也没有结束——所谓稳定状态的宇宙。随后在20世纪20年代，天文学家们在加利福尼亚州的新的威尔逊山天文台（Mount Wilson Observatory）有了惊人的发现：宇宙在膨胀。星系彼此之间正在远离。如果星系正在移离，那么它们以前一定是比较近地靠在一起。从理论上说，我们可以利用物理规律让电影逆放，来告诉我们发生了什么。星系汇集在一起。物质的密度增加了，温度快速升高。原子熔解到它们的组成部分中。质量变成纯能量。电影播放出137亿年或许是再之前的场景，完整的东西——我们现在观测到的整个宇宙的星系——坍缩为无限小的、无限紧密的、无限热的数学点。时间走到了零。宇宙开始了！

许多20世纪20年代的天文学家对于把那些资料告诉他们不感到高兴。永恒的宇宙很难想象，而一个宇宙有一个开始就更难想象了。它是从哪里来的？是什么导致了它的开始？假定宇宙永远存在就非常容易理解了。

但是威尔逊山天文台的数据不可否认。星系离开我们的速度可以通过它们的光线的延伸测量出来。（如同警察用测速器检测你汽车的速度一样的原理。）星系的距离是从星系中星星的表观亮度——已知其亮度的超新星或某些种类的变星的表观亮度——或从整个星系的表观亮度估算出来的：亮度越少（平均而言）的星星就会离我们越远。将它们放在一起，我们就会不可避免地面临大爆炸。

直到最近，宇宙的实际年龄超过了我们所掌握的数据，主要是因为星系的距离的不确定性。对宇宙年龄的估算相差了几十亿年。幸运的是，通过对衰退的星系进行推测，宇宙的年龄远远大于地球的年龄——46 亿年——这是已知的最精确的数据。如果有相反的结果——宇宙比地球更年轻，那么我们就会知道科学在某一点上出现了很可怕的错误。

自从 20 世纪 20 年代，就已经有了估算宇宙年龄的几种方法。其中的一种是使用白矮星的冷却速度，慢慢消失余烬的星星不再产生能量。另一种方法是依赖在古老的星星的大气层中测量放射性元素钍的分布量（世界上考古学家将碳-14“时钟”用于地球）。所有的方法在某种程度上都不会是很准确的，除非宇宙年龄都集中于在 100 亿到 160 亿年之间的某个时间段。

不久前，在智利的欧洲南方天文台的国际天文学家小组发现：在一个被称为 CS31082-001 号恒星的光谱中发现了两个不同的放射性元素——钍和铀的特征。起始于同一时间而运行于不同的速率的两个“时钟”的出现，加强了这样的估算：这两种放射性元素是何时被造出来的，据推测是在宇宙历史的初期超新星爆炸。依据这种新的研究，这两种放射性元素的年龄是 125 亿年，误差 33 亿年——与以前的估算是一致的。

近年来还有对宇宙年龄的最好的推测。威尔金森微波各向异性探测器（WMAP）是一个为特定目的建造的卫星望远镜，目的是在宇宙不到 40 万年时（在星星和星系出现之前的时候）制造一张宇宙雏形的图像，那时宇宙是一个炎热的大锅，有等离子体能量和早期物质。大爆炸使等离子体爆炸声像钟的声音，WMAP 研究了它的“音调”。正如根据钟的形状测定它的音调，这样微波辐射的变化就展现出了早期宇宙的特性。还有它的年龄。利用 WMAP 的资料，天文学家就能查明宇宙膨胀的速度，有把握地说出宇宙有 137 亿年的历史，误差几十万年。

零行
度走

与宇宙的年龄相比，一个人的寿命短暂得几乎难以想象。想象一个人的寿命如同一张扑克牌那么薄，而宇宙的年龄如同是一堆 40 英里（64.8 千米）高的扑克牌，粗略地估计相当于从伦敦到剑桥的距离。在你的大拇指和食指之间拿着一张扑克牌，琢磨一下在两个城市之间长距离步行，你将会明白人类时间与宇宙时间的差异。作为一个物种，我们感觉相当荣耀，我们在人的一生中已经获得了一个宇宙如何起源的丰富画面，并对它发生的时间作出日益令人满意的推测。

以这种方式来考虑这一点。一个幸运的蜉蝣可以活一小时。以一个人的寿命与宇宙的年龄类推，就像在夏天的夜晚傍晚短暂飞翔的蜉蝣，能够推算出在 2.5 万年前地球上发生了什么!

本初子午线从英国南部的皮斯哈文到北部的亨伯河（River Humber）河口，几乎长达 200 英里（322 千米）。如果那段距离用来表示长达 137 亿年的宇宙的历史，正如我们今天所了解的，那么所有的记录下来的人类历史还不足一步的距离。在本书中我讲述的整个故事，从亚历山大天文学家和地理学家到当今将望远镜发射到太空的天文学家们，都将完全适用于这一步的距离。如果 200 英里长的子午线路径表示我们用望远镜观测的最远天体的距离，那么只须几步就可以使我们穿越银河系。而我的鞋上一粒尘埃就会大到不仅包含了我们自己的太阳系，而且还包含了许多邻近的恒星。

我们走过的一条漫长而令人高兴的道路来自古老的宇宙蛋。

后　记

人类游历宇宙空间和时间，征途中的每一步都受到生物学家理查德·道金斯（Richard Dawkins）称为“亲自怀疑的争论”的困扰：如果似乎不可能相信，那就错了。阿利斯塔克（Aristarchus）受到了他的同时代的人的怀疑，就像哥白尼（Copernicus）、布鲁诺（Bruno）、伽利略（Galileo）和达尔文（Darwin）受到他们同时代人的怀疑那样。宇宙原来大于和老于我们以前所想的可能的大小和古老。光年和几十亿年对我们的想象力受到限制是一种非难，对那些最大胆的、最勇敢的人类思想家超越“常识”的力量是一件礼物。

我们是这种骄傲的传统的继承人。我们站在黑夜的天空下，让我们的想象力跟随地球指向黑影，进入那漆黑的深处——月球、行星、恒星、星系，甚至微波卫星记录的那次大爆炸的辐射能——穿越旋转的空虚的空间，朝向那奇特的顷刻之间的创造物。进入星星似斑点的黑暗中，我们让我们的想象力翱翔——几步、几英里、几千英里、几百万英里、几光年、几百万光年、几十亿光年，跟随着一条艾德里安娜·阿里弗（Adrienne）的理论线索、观测以及抑制不住的好奇心，首创于2 300年前尼罗河河口的一个闪光的白色城市里。

我们沿着伦敦威斯敏斯特教堂（Westminster Abbey）处格林尼治子午线结束我们旅行，此处离格林尼治仅仅5英里（8千米），乘船沿着泰晤士河作短途常见的旅行。这个14世纪的教堂在秀美的凹槽和支柱上平地而起，有100多英尺（30多米）高，使之成为英伦三岛中最高的哥特式的建筑物。16世纪圣母堂里的扇形穹顶是一个几乎不可思议的美丽和精致高耸的建筑。在这里与他处哥特式建筑的特点，是指引崇拜者注意力朝向上面的一个神圣的壮丽领域，远离那凄凉的肮脏的地球。中世纪的欧洲的生活是危险的和严酷的。甚至对那些猛烈的、受疾病支配的时代有一点点了解，就会很清楚为什么威斯敏斯特教堂寂静的、发光的和指向上苍的空间受到中世纪的伦敦人欢迎，就像是一个许诺的某件好事。

要不是它的建筑的宏伟壮观，威斯敏斯特教堂可能对21世纪的参观者来说是有点失望的建筑。我走访过的任何其他的中世纪的大教堂在某种程度上都无可与之比拟，伦敦威斯敏斯特大教堂已经被允许成为死后的虚荣——自我中心的一个华丽的纪念碑。那个地方塞满了特别大的纪念物和石棺，庆祝英国男子和女子的生活和成就；有时似乎名望越小，纪念碑却更加自信。这种世间的嘈杂声的干扰效应，使得几乎不可能领会那建筑想要引起的"向上的和向外的"热望。这可能就是为什么那么多旅游者被吸引到伦敦威斯敏斯特大教堂"诗人之角"的原因之一，乔叟（Chaucer）、莎士比亚（Shakespeare）、狄更斯（Dickens）及其他文学巨匠埋葬在那里或者立有纪念碑。这些作者的纪念物比较端庄，当然应该如此；毕竟艺术是它自己的纪念物。

来到伦敦威斯敏斯特大教堂的某些参观者找到了"科学家之角"，在高坛一角附近的教堂中殿旁边。在这里，艾萨克·牛顿（Isaac Newton）安葬在一个石棺内，其华丽就像伦敦威斯敏斯特大教堂中其他的石棺那样，包括这位伟人的一个雕塑像，穿着一件罗马人的宽外袍，像是又傲慢又呆头傻脑的样子。在他的冗长的拉丁语墓碑上一开始就写道："这里躺着的是艾萨克·牛顿，爵士，他通过一种几乎是神的思想力量和特别是他自己的数学原理，探究了行星的运行和图形、彗星的路径、大海的潮汐、光线的不同，以及别的学者以前没有想象过的东西，因此产生的颜色的性质。"

其他的科学家的墓和纪念物较为沉默。组合得多么好啊！他们当中有查尔斯·赖尔（Charles Lyell），地质学之父，他鼓舞了我们沿着我们行走的路线遇到的那么多的探测者。威廉·赫歇耳（William）和约翰·赫歇耳（John Herschel），探索了空间的深处。其他科学家有物理学家詹姆斯·普雷斯科特·焦耳（James Prescott Joule）和乔治·斯托克斯（George Stokes），还有约瑟夫·利斯特（Joseph Lister），他是防腐外科的先驱者。当然，他们当中最伟大的人物，躺在一块威严的黑色的石板之下，石板上刻有几行字："查尔斯· 罗伯特·达尔文（Charles Robert Darwin）。生于1809 年 2 月 12 日。逝于 1882 年 4 月 19 日。"

可怜的达尔文。他也许会困窘地发觉自己竟然处在威斯敏斯特教堂中，而他在人世间如此隐退。他对传统的神学的怀疑给他最后长眠在英国国教徒正教的这个最杰出的象征中提供了另外的不调和性。但是，在某种意义上，达尔文从事了建造那些哥特式教堂的建筑师和首席工匠的工作。

"这种人生观中有一种宏伟壮观的景象。"达尔文这样描述进化。在把生命的历史，包括我们自己的人种的历史，编织入地质学家和天文学家的空间与时间时，达尔文帮助完成了中世纪的建造者以他们自己处事方式寻求完成的事情：把我们眼力从我们出生时的狭窄的圆圈提升，并把我们的注意力引向宇宙之光和壮丽。

零行度走

致 谢

我感谢许多学者和作者，他们对我在子午线上行走进行了学术性的采访。

我的故事的许多部分已经在其他地方较详细地讲述了。

在“延伸阅读”中我列入了一些图书，也许《行走零度》的读者会感兴趣。我对托马斯·赫胥黎（Thomas Huxley）在诺维奇镇的谈话进行的叙述，基本上与我在《自然的祈祷者》（*Natural Prayers*）中讲述的故事相同，该书现已绝版；我的行走涉及的地理对于在这里重述这个故事是有用的。就像我以前的4部图书，我非常感谢沃克公司的出色的编辑雅克丁·约翰逊（Jacquetine Johnson）。她是每位作者的理想编辑。

还要感谢乔治·吉布森（George Gibson），沃克出版公司的出版者，感谢他对我的作品一直充满信心，并感谢沃克公司另外一些有才能的人，尤其是维吉·海尔（Vicki Haire）和格雷格·维勒皮克（Greg Villepique），他们帮助我使《行走零度》成书。他们使《行走零度》出版。

在鸭嘴兽多媒体公司（Platypus Multimedia）工作的我的儿子丹·雷莫制作了插图。感谢我的朋友芭芭拉·伊斯特林（Barbara Estrin），感谢她把她在伦敦的公寓套间提供给我作为我的徒步旅行的一个基地。

我的妻子莫琳（Maureen）阅读了我手稿的数次草稿，并提出了她的明确的评语；在我沿子午线步行时她没有跟我在一起，但是我们在人生的道路上一同行走了很长、很长的旅程。

延伸阅读

引言

《宇宙与历史：永恒回归的神话》，米尔恰·伊利亚德。1959

Eliade, Mircea. *Cosmos and History; The Myth of the Eternal Return.* Translated by Willard R. Trask. NewYork: Harper, 1959.

第1章　测绘地球

《万物的尺度：改变世界的7年奥德赛和隐藏的错误》，本·亚尔德。2002

Alder, Ken. *The Measure of All Things: The Seven-Year Odyssey and Hidden Error That Transformed the World.* NewYork: Free Press, 2002. The story of Jean-Baptiste-Joseph Delambre, Pierre-Francois-Andre Mechain, and the measurement of the French meridian.

《时间领主：桑福德·弗莱明爵士和标准时间的创立》，克拉克·布莱斯。2000

Blaise, Clark. *Time Lord: Sir Sandford Fleming and the Creation of Standard Time.* NewYork: Pantheon, 2000.

《地图的故事》，劳埃德·布朗。1979

Brown, Lloyd. *The Story of Maps.* New York: Dover, 1979.

《儿童的世界概念》，让·皮亚杰。1969

Piaget, Jean. *The Child's Conception of the World.* Totowa, N. J.: Littlefield, Adams, 1969.

第2章　空间中的地球

《第谷与开普勒：不可能的伙伴，永远改变了我们对天堂的理解》，凯蒂·弗格森。2002

Ferguson, Kitty. *Tycho and Kepler: The Unlikely Partnership That Forever Changed Our Understanding of the Heavens.* NewYork: Walker, 2002.

《星际信使，或恒星信使:》，伽利莱·伽利略。1989

Galilei, Galileo. *Sidereus Nuncius, or The Sideral Messenger.* Translated by Albert Van Helden. Chicago: University of Chicago Press, 1989.

《萨摩斯的阿利斯塔克：古老的哥白尼》，托马斯·希斯。1913

Heath, Thomas. *Aristarchus of Samos: The Ancient Copernicus.* Oxford: Clarendon Press, 1913.

第3章　地球的古代

《龙的发现者：一位非凡的化石学家如何发现恐龙并为达尔文铺平了道路》，克里斯托弗·麦高恩。2002

McGowan, Christopher. *The Dragon Seekers: How an Extraordinary Circle of Fossilists Discovered the Dinosaurs and Paved the Way for Darwin.* Cambridge, Mass: Perseus, 2002.

《此前世界的年鉴》，约翰·麦克菲。2000

McPhee, John. *Annals of the Former World.* New York: Farrar, Straus and Giroux, 2000.

《历史里的时间：从史前到现在的时间观》，G. J. 惠特罗。1989

Whitrow, G. J. *Time in History: Views of Time from Prehistory to the Present Day.* Oxford: Oxford University Press, 1989.

《改变世界的地图：威廉·史密斯和现代地质学的诞生》，西蒙·温彻斯特。2001

Winchester, Simon. *The Map That Changed the World: William Smith and the Birth of Modern Geography.* NewYork: HarperCollins, 2001.

第4章　人类的古代

《达尔文：一位痛苦进化论者的生命》，阿德里安·德斯蒙德、詹姆斯·穆尔。1991

Desmond, Adrian, and James Moore. *Darwin: The Life of a Tormented Evolu- tionist*. NewYork: Warner, 1991.

《从露西到语言》，布莱克·埃德加、唐纳德·约翰森。1996

Edgar, Blake, and Donald Johanson. *From Lucy to Language*. New York: Simon and Schuster, 1996.

《一支粉笔》，托马斯·赫胥黎。1967

Huxley Thomas. *On a Piece of Chalk*. Edited and with an introduction by Loren Eiseley. NewYork: Charles Scribner' s Sons, 1967.

《皮尔当：一个科学的伪造》，弗兰克·斯宾塞。1990

Spencer, Frank. *Piltdown: A Scientific Forgery*. Oxford: Oxford University Press, 1990.

《最后的尼安德特人：我们最亲近的人类近亲的繁荣、成功和神秘灭绝》，伊恩·塔特索尔。1999

Tattersall, Ian. *The Last Neanderthal: The Rise, Success, and Mysterious Extinc-tion of Our Closest Human Relatives*. Boulder, Colo.: Westview Press, 1999.

第5章　宇宙的时间

《艾萨克·牛顿》，詹姆斯·格雷克。2004

Gleick, James. *Isaac Newton*. NewYork: Vintage, 2004.

《我的名字叫红》，奥尔罕·帕慕克。2001

Pamuk, Orhan. *My Name Is Red*. NewYork: Knopf, 2001.

《较短的佩皮斯》，塞缪尔·佩皮斯。1985

Pepys, Samuel. *The Shorter Pepys*. Edited by Robert Latham. Berkeley: University of California Press, 1985.

《经度：一个孤独天才解决当时最伟大科学问题的真实故事》，戴瓦·梭贝尔。1995

Sobel, Dava. *Longitude: The True Story of the Lone Genius Who Solved the Greatest Scientific Problem of His Time.* NewYork: Walker, 1995.

第6章　宇宙的空间

《测量宇宙：绘制空间和时间的地平线乃我们的历史任务》，凯蒂·弗格森。1999

Ferguson, Kitty. *Measuring the Universe: Our Historic Quest to Chart the Horizons of Space and Time.* NewYork: Walker, 1999.

《视差：比赛测量宇宙》，艾伦·W. 赫什菲尔德。2001

Hirshfield, Alan W. *Parallax: The Race to Measure the Cosmos.* New York: W. H. Freeman, 2001.

切特·雷莫的其他图书（沃克公司出版）

《攀登布兰登山：爱尔兰圣山的科学与信念》

(*Climbing Brandon*: *Science and Faith on Ireland Holy Mountain*)

《这条路径：穿过宇宙的一英里行走》

(*The Path*: *A One-Mile Walk Through the Universe*)

《亲切观看夜空》

(*An Intimate Look at the Night Sky*)

《怀疑论者和忠诚的信徒》

(*Skeptics and True Believers*)

切特·雷莫的其他图书

《自然祈祷者》

(*Natural prayers*)

《科克郡的傻瓜》

(*The Dork of Cork*)

《在猎鹰的爪中》

(*In the Falcon' s Claw*)

《在石头上书写》（与莫林·雷莫合著）

(*Written in Stone with Maureen E. Raymo*)

《石中蜜》

(*Honey from Stone*)

《夜晚的灵魂》

(*The Soul of the Night*)

《365夜星空》

(365 *Starry Nights*)

《圣瓦伦廷节赠情人的礼物》（爱情故事）

(*Valentine*: *A love Story*)

译者跋

本书作者切特·雷莫（Chet Raymo）是美国人，但他在本书中所描述的主要是在英国和欧洲发生的科学故事。这些故事都曾经发生在他行走的路线（本初子午线——零度经线）上及其附近，通过亲身走访，如同亲眼所见。经历时空，上下百亿年，近至21世纪，远至宇宙形成；小至太空中的地球，大至无数星系的宇宙。

切特·雷莫1936年出生于美国南方田纳西州的查塔努加市。父母是白人、中产阶级，是罗马天主教信徒。他从小在教堂和教会学校就受到天主教教义的熏陶，相信上帝创造万物，相信自己处于宇宙的中心。从人类是宇宙中心的观点转到宇宙无中心的观点，经历了一个曲折的过程。他心中曾经不愿意接受这种观点，因为那违背了他父母和他原来的信仰与他们的特权思想，但又不得不接受亲眼所见的事实。他在父母的书房里，读到一些另类图书，书中的先驱者敢于敲破“宇宙蛋”壳，使他心中豁然开朗……他从小就热爱读书，十几岁时在查塔努加公共图书馆当图书上架员，读到了世界上更多的新发现。就像他亲身跟随那些科学先驱一同去旅行，一同去发现。这就为他后来决定“行走零度”打下了心理准备的基础。

后来，切特·雷莫获得了美国一所北方大学的奖学金，得到了物理学博士学位，毕业后担任科学教师。1968—1969学年，他得到美国国家科学基金会奖学金的资助，在英国伦敦帝国学院学习历史和科学哲学。在附近的科学博物馆里，他看到了当时世界上最大的望远镜的中心部分。在望远镜中，他看到了大量星系的宇宙。宇宙中心论的观点便在他的脑海里彻底灰飞烟灭了。

由于他积累了大量的科学知识，他成为一位科普作家，写有十几部科普著作，大都是畅销书。他的写实作品曾获得兰南文学奖（Lannan Literary Award）。

正如作者在本书中所述：在2003年之秋，他沿着本初子午线，即零度经线，开始了徒步穿越英格兰东南部的旅行。这次旅行，部分漫步于英国东南部的大地上，部分漫游于设身处地地遐想当年那些科学家是如何获得那些发现的想象中。沿着这条道路，去寻找卓越的学者和有远见的观察家留下的大量的知识，同时打开了人们对星系宇宙认知的心灵和思想。

正因为作者在1968—1969学年曾进修于伦敦帝国学院的历史和科学哲学专业，其深厚的职业基础教育和发散型思维方式，是本书和他的其他许多作品的写作基础。当作者选择北纬50度47分，东经0度0分的皮斯哈文作为旅行的起点时，他的思路由点到线（格林尼治子午线），再由线到面（地球表面测量的方法和历史发展）。此后，作者步行于皮斯哈文向南唐斯（South Downs）的小道上，遥望英吉利海峡天空晴朗、万里无云的壮观景象时，马上联想太空中的地球。由人们熟悉的三维世界加上时间，成为四维世界。当作者沿着皮斯哈文到刘易斯（Lewes）镇的小路，穿越白垩的农业丘陵地时，他又联想到地球的古代，联想到数十亿年的地球演变。后来到达布莱顿（Brighton）附近英吉利海峡（English Channel）的唐斯（Downs）后，作者想到达尔文，想到了人类的古代。此后作者的思路越发开阔，经过英国皇家格林尼治天文台时，联想到宇宙的时间和宇宙的空间。

本书侧重于描述了那些科学史的重要发源地，以及由此产生的联想。因此，本书是一本地理旅行和逻辑联想相结合的书籍。

在《行走零度》中，切特·雷莫通过本初子午线——即格林尼治子午线，零度经线（计算东西经度的起点），通过原格林尼治天文台子午仪中心的经线，连接地球南北两极、垂直于赤道的南北方向的线，又称经度子午线，是世界上所有的地图和时钟的标准——来重建人类的智力的旅程（从星体到星系和上百亿年的宇宙）的故事。

切特·雷莫背着行囊，足蹬健身鞋，带着英国陆军测量局绘制的可折叠地图，兴高采烈地出发了。他起步于本初子午线上的皮斯哈文。他的路线是从南到北（见扉页对页的路线图）。他从皮斯哈文北上，到布莱顿，到刘易斯，然后到皮尔当，到南唐斯，越过威尔德到北唐斯，再到达尔文的故乡当村（唐恩），继而到建于1675年的伦敦格林尼治皇家天文台，在格林尼治经过人行隧道过泰晤士河，然后沿李河河谷行走，到达剑桥，最后到达北海西岸亨伯河畔。回程中，他沿着伦敦威斯敏斯特教堂处格林尼治子午线结束他的旅行，此处离格林尼治仅仅5英里（8千米）。他在英格兰零度经线上行走，几乎长达200英里（322千米）。轻装上阵，艰苦跋涉，历时6周，喜获丰收。

本初子午线经过在科学上非常重要的许多里程碑附近。在那些地方，曾发现了第一批恐龙化石；有查尔斯·达尔文的家；有约翰·哈里森的航海天文钟；有皇家天文台博物馆；有剑桥大学三一学院牛顿的研究室；以及其他许多重要的科学历史的发源地。走访、参观这些场所，雷莫把历史上的英勇人物所创造的人类的舞台戏剧付诸重现。书中的主要内容包括：勘测制作地球的地图、地球在宇宙中的位置、地球的古代、人类的古代、宇宙的时间和宇宙的空间。《行走零度》是天文学、地质学和古生物学的一部光辉灿烂的简史。

本书有八个特点，体现了作者独特的写作风格。

特点之一：掌握一条线索。作者的构思新奇，但非突发奇想，他以本初子午线为线索，是因为沿子午线所经地域附近发生了许多在科学史上具有重大意义的事件。以经线零度为起点，“顺藤摸瓜”。围绕着本初子午线的确定也引出了一连串的故事。

特点之二：掌握一把钥匙。这把钥匙就是“科学”，是围绕“科学”发生的故事，而不是文学或艺术，这样就重点突出而明确。沿着这条子午线附近发生的那些科学故事都涉及重大的科学发现。

特点之三：普及科学知识。涉及科学而又不是像“科学专著”那样讲述专深的科学道理，因此其语言通俗易懂，其内容生动有趣。

特点之四：讲述科学发现和科学研究的方法。因而可以在科学发现和科学研究中以及在学习科学知识中据之举一反三。

特点之五：赞扬古代和前辈科学家们艰苦奋斗的精神和为科学献身的精神。只有这样的精神才能获得伟大的科学发现和发明创造。

特点之六：从事科学研究要有实事求是的精神。反对弄虚作假，反对伪科学。书中也列出了有趣的典型实例。对从事科学研究者可引以为戒。

特点之七，融科学与文艺为一体。既有故事情节，又有科学内容。可读性强。

特点之八，推崇“怀疑”精神。作者在书中某些部分的字里行间，尤其是在作者“后记”中表露了一个哲学概念：大凡一项科学发现，特别是一项伟大的科学发现都是基于“怀疑”精神。这种精神打破了陈旧的观念，展现了宇宙的真面目，展现了地球在宇宙中的真正位置，展现了物种和人类真正的起源，与我们现今提倡的“解放思想”和“创新精神”不谋而合。“怀疑”精神正是这二者的结合。

本书写作方式别具一格，融科学性、知识性和趣味性为一体，而且有故事情节，图文并茂。本书讲述了历史上的科学家们，甚至信教的科学家们，破除反科学的旧观念，坚持科学真理而与顽固的旧势力进行艰苦斗争的悲壮事迹（如牧师乔达诺·布鲁诺摈弃传统的地心学说，坚持无限宇宙和多个世界的理论），对于鼓励青少年反对迷信，热爱科学和启发新思维会有良好的作用。《行走零度》是2006年出版的新书，英文原版首次印刷就是30 000册，出版者这种果敢的读者市场预测，充分体现了读者可能欢迎的程度。

本书旨在普及科学知识，赞扬科学精神，传播科学方法和推进科学创新。本书是一部优秀的科普图书。本书通俗易懂，书中故事情节生动有趣，引人入胜，适合初中以上文化程度的读者阅读，特别是青少年读者。

在此真诚感谢重庆出版社委托我们翻译这样的好书，真诚感谢冯建华副编审和有关编辑对中译本进行了认真细致的加工，并真诚感谢重庆出版社领导、编务人员、设计人员和出版发行人员为中译本的出版发行付出了辛勤劳动。

陈养正　陈　钢　钱康行

2008 年 8 月 31 日

于北京

陈养正，中国科学院科学出版社编审，中国译协科技翻译委员会副秘书长，中国科普作家协会会员，科幻翻译家，中国翻译协会汉译英翻译家，中国翻译协会(授予)资深翻译家，国务院“中国图书对外推广计划”网站“翻译名家”，美国传记学会研究会终身研究员兼国际顾问。

心中的零经度线

(向读者致谢)

《行走零度》中文版于2009年3月面世,屈手算来已6年。

引进《行走零度》的初衷有三个:一是它简明、清晰、生动地描述了人类科学发展的路径,为一本挺不错的科学简史图书,读者可用最少的时间了解科学自萌芽至今天的光辉道路;二是作者为著名的科学作家,研究科学、自然与人类的关系长达40年,对人类在宇宙时空中的位置和对科学的态度有独到见解,外版读者甚众,好评亦多;三是作者专程从美到英,徒步行走零经度线300余公里,见证了科学伟人们的发现与历史的成就,既有科学认知,也有科学证伪,还可作为"科学可以这样看丛书"的阅读线索和引导者。

然而,自《行走零度》中文版面世后,由于诸多因素未能让更多读者阅读到它,未能让读者领悟到科学道路上的丰碑性成就,让人有点遗憾。可能是三个原因使然:封面设计太强调每本书的个性,与《平行宇宙》差异太大,影响了丛书在读者心目中的整体性;外媒和读者评语的缺失及扩展阅读未翻译,影响了中文读者的深度阅读;特别是第1章、第2章涉及到的古希腊、亚历山大王国等诸多伟大的哲学家、天文学家、数学家、地理学家、历史学家、作家,读者较为生疏,影响了阅读的流畅感,未能达到豁然开朗之目的。

为此,《行走零度》(新版)增加了发行评语和读者评语,增加了对古希腊等伟人们的简短生平介绍,增加了扩展阅读书目的中文书名及作者名,对少部分文字和数字作了修正,其目的为了增强中文阅读的流畅感,能否达到心中预期的《行走零度》,敬请读者朋友检验。谢谢!

编者 2015年7月于重庆

一次了不起的行走！ 随着我年龄的增长和期待的人格成熟，我们宇宙的奇妙使我充满了敬畏。当我看到《洛杉矶时报》评论这本书的时候，我知道这是本我想让它出现在我书架上的书。我是正确的！

让我想“行走零度”！ 本书有许多吸引点：一个好书名，一个涉及了我最大爱好之一（行走）的主题，并能含括在这本相对较薄的书中。

一堂迷人的科学课！ 切特带领我们走上了本初子午线的路径，以它的方式——书页——告诉我们有趣的故事：科学的哲学基础、数学的演化、从古希腊的物理学到我们的行星起源的最新理论，以及地球上的生命，诸如此类。相当迷人！

切特·雷莫（Chet Raymo），马萨诸塞州石山学院的物理学和天文学荣誉退休教授，科学作家、教育家、博物学家和插画家，1998年因非虚构作品获得兰南文学奖（Lannan Literary Award）。他为探索科学、自然和人类的关系达40年，为《波士顿环球报》撰写每周科学与自然专栏“自然沉思”20年，为《巴黎圣母院杂志》和《科学美国人》撰稿。他是10本科学图书的作者，包括被高度褒奖的《亲切观看夜空》、《365夜星空》、《夜晚的灵魂》、《石中蜜》和《怀疑论者与忠诚的信徒》等。他最著名的小说《科克郡的傻瓜》曾改编成电影《爱在星空下》。切特·雷莫和他的妻子莫林住在麻州的北埃斯顿。